U0391436

内容简介

介绍了保护地设施，保护地环境调控，保护地栽培基础，苹果、梨、葡萄、桃、杏、李、樱桃、枣保护地栽培技术。

本书字数虽不多，但却是作者的呕心沥血之作。作者参阅了大量资料，这在书后的参考文献中就可看出。本书内容新，反映了当前的最新研究成果和生产经验，技术实用，语言简练，一行顶数行，是当前果树保护地栽培的代表性著作，称之为“优秀指南”并不为过。可供果农、果树技术人员和专家参考。

雷世俊　编著

中国农业出版社

图书在版编目（CIP）数据

果树保护地栽培优秀指南/雷世俊编著.—北京：中国农业出版社，2012.4
ISBN 978-7-109-16661-5

Ⅰ.①果…　Ⅱ.①雷…　Ⅲ.①果树—保护地栽培—指南　Ⅳ.①S628-62

中国版本图书馆CIP数据核字（2012）第062583号

中国农业出版社出版
（北京市朝阳区农展馆北路2号）
（邮政编码100125）
责任编辑　徐建华

中国农业出版社印刷厂印刷　　新华书店北京发行所发行
2012年8月第1版　　2012年8月北京第1次印刷

开本：850mm×1168mm　1/32　　印张：9.375
字数：232千字　　印数：1～6 000册
定价：25.00元

作　　者

雷世俊　　潍坊职业学院

目　录

一、果树保护地栽培概述 …… 1

1. 什么是果树保护地栽培？ …… 1
2. 为什么要进行果树保护地栽培？ …… 2
3. 果树保护地栽培有哪些类型？ …… 3
4. 果树保护地栽培需要什么设施？ …… 6
5. 保护地的场地如何选择？ …… 7
6. 生产无公害果品园地选择有哪些要求？ …… 8
7. 生产绿色果品园地选择有哪些要求？ …… 11
8. 保护地的场地怎样规划？ …… 13

二、保护地设施 …… 14

9. 什么是地膜？地膜有哪些种类？ …… 14
10. 什么是地膜覆盖？地膜覆盖有哪些方式？ …… 17
11. 地膜覆盖对土壤有什么影响？ …… 19
12. 地膜覆盖对地面有什么影响？ …… 21
13. 什么是塑料棚？塑料棚有哪些类型？ …… 21
14. 小拱棚有哪些类型？其结构如何？怎样建造？ …… 22
15. 塑料中棚有哪些类型？其结构如何？ …… 24
16. 塑料大棚的基本结构如何？ …… 24
17. 塑料大棚有哪些类型？ …… 26
18. 建造塑料大棚怎样进行设计？ …… 29
19. 建造塑料大棚怎样进行施工？ …… 32

20. 什么是温室？温室的基本结构如何？ …………………… 33
21. 温室有哪些类型？ ………………………………………… 36
22. 建造日光温室怎样进行设计？ ………………………… 38
23. 建造日光温室怎样进行施工？ ………………………… 40

三、保护地环境条件 ………………………………………… 44

24. 小拱棚的温度条件如何？ ……………………………… 44
25. 小拱棚的光照条件如何？ ……………………………… 45
26. 小拱棚的湿度条件如何？ ……………………………… 45
27. 塑料中棚的环境条件如何？ …………………………… 46
28. 塑料大棚的光照条件如何？ …………………………… 46
29. 塑料大棚的温度条件如何？ …………………………… 48
30. 塑料大棚的湿度条件如何？ …………………………… 51
31. 塑料大棚的气体条件如何？ …………………………… 52
32. 日光温室的光照条件如何？ …………………………… 54
33. 日光温室的温度条件如何？ …………………………… 57
34. 日光温室的湿度条件如何？ …………………………… 60
35. 日光温室的气体条件如何？ …………………………… 61
36. 日光温室的土壤条件如何？ …………………………… 63

四、保护地环境调控 ………………………………………… 66

37. 怎样调控保护地的光照？ ……………………………… 66
38. 怎样调控保护地的温度？ ……………………………… 68
39. 怎样调控保护地的湿度？ ……………………………… 70
40. 怎样调控保护地的土壤？ ……………………………… 72
41. 怎样调控保护地的二氧化碳气体？ …………………… 73
42. 怎样检测保护地内的二氧化碳浓度？ ………………… 76
43. 怎样预防保护地的有毒气体？ ………………………… 77
44. 保护地设施怎样消毒？ ………………………………… 78

45. 怎样利用高温进行保护地土壤消毒？ …… 79
46. 怎样利用药物进行保护地土壤消毒？ …… 80

五、果树保护地栽培基础 …… 82

47. 保护地果树地上部和地下部生长有什么特点？ …… 82
48. 保护地果树的物候期有什么特点？ …… 83
49. 保护地果树的发育期有什么特点？ …… 84
50. 保护地果树的器官生长发育有什么特点？ …… 84
51. 果树需冷量是怎么回事？怎样计算需冷量？ …… 87
52. 哪些果树可以进行保护地栽培？ …… 90
53. 保护地果树栽培怎样选择品种？ …… 91
54. 保护地果树栽植制度有哪些？ …… 93
55. 什么是预备苗技术？怎么培育大苗？ …… 94
56. 保护地果树什么时间栽植？ …… 95
57. 保护地果树怎样确定栽植密度？ …… 96
58. 保护地果树栽培有哪些方式？什么是平地挖坑栽培？ …… 97
59. 什么是高畦栽培？ …… 98
60. 什么是台式基质栽培？ …… 99
61. 什么是盆式工厂化栽培？ …… 100
62. 什么是果树限根栽培技术？ …… 101
63. 果树限根栽培技术有哪些？ …… 101
64. 保护地果树人工控制休眠技术有哪些？ …… 104
65. 保护地果树管理主要从哪些方面着手？ …… 106
66. 怎样提高保护地果树的坐果率？ …… 107
67. 保护地果树怎样进行病虫害综合防治？ …… 109
68. 保护地果树延迟栽培的技术措施有哪些？ …… 110

六、苹果保护地盆栽 …… 114
69. 苹果为什么要进行保护地盆栽？ …… 114
70. 苹果对环境条件有什么要求？ …… 115
71. 苹果适合保护地盆栽的优良品种有哪些？ …… 116
72. 苹果保护地盆栽怎样栽植？ …… 118
73. 苹果保护地盆栽怎样进行肥水管理？ …… 119
74. 苹果保护地盆栽怎样整形修剪？ …… 121
75. 苹果保护地盆栽怎样促花？ …… 121
76. 苹果保护地盆栽怎样进行人工授粉和疏花疏果？ …… 123
77. 苹果保护地盆栽早熟品种怎样进行温度管理？ …… 124
78. 苹果保护地盆栽晚熟品种怎样进行延迟管理？ …… 124
79. 苹果保护地盆栽怎样防寒越冬？ …… 125
80. 苹果保护地盆栽怎样防治病虫害？ …… 125
七、梨保护地栽培 …… 127
81. 梨为什么要进行保护地栽培？ …… 127
82. 梨对环境条件有什么要求？ …… 127
83. 梨保护地栽培如何选配品种？ …… 129
84. 梨保护地栽培怎样栽植？ …… 132
85. 梨保护地栽植后如何管理？ …… 133
86. 梨保护地栽培何时扣棚？ …… 134
87. 梨保护地栽培怎样整形修剪？ …… 134
88. 梨保护地栽培开花期怎样管理？ …… 135
89. 梨保护地栽培果实怎样管理？ …… 136
90. 梨保护地栽培环境条件怎样调控？ …… 138
91. 梨保护地栽培怎样进行肥水管理？ …… 139
92. 梨保护地栽培怎样防治病虫害？ …… 140

八、葡萄保护地栽培

八、葡萄保护地栽培 …………………………………… 142
93. 葡萄对环境条件有什么要求？ …………………… 142
94. 葡萄保护地栽培怎样选择品种？ ………………… 143
95. 葡萄保护地栽培适宜的品种有哪些？ …………… 144
96. 怎样培育葡萄扦插苗？ ………………………… 148
97. 什么是绿苗？怎样培育葡萄绿苗？ ……………… 151
98. 保护地葡萄为什么有些品种要一年一栽？ ……… 154
99. 保护地葡萄采用什么架式？怎样整形修剪？ …… 155
100. 保护地葡萄如何栽植？ ………………………… 157
101. 保护地葡萄栽植后如何管理？ ………………… 160
102. 什么是压条栽培？保护地葡萄怎样进行压条栽培？ ……………………………… 162
103. 保护地葡萄休眠期如何管理？ ………………… 164
104. 保护地葡萄催芽期如何管理？ ………………… 165
105. 保护地葡萄新梢生长期如何管理？ …………… 166
106. 保护地葡萄开花期如何管理？ ………………… 169
107. 保护地葡萄果实发育期如何管理？ …………… 170
108. 保护地葡萄果实采收后如何管理？ …………… 173
109. 怎样进行葡萄延迟栽培？ ……………………… 174
110. 怎样推迟葡萄生长发育和果实成熟？ ………… 176
111. 怎样进行葡萄促成兼延迟栽培？ ……………… 177
112. 怎样通过嫁接冷藏接穗进行葡萄延迟栽培？ … 178

九、桃保护地栽培

九、桃保护地栽培 ……………………………………… 179
113. 桃对环境条件有什么要求？ …………………… 179
114. 桃保护地栽培适宜的品种有哪些？ …………… 181
115. 桃保护地栽培怎样栽植？ ……………………… 184
116. 桃保护地栽培适宜树形有哪些？ ……………… 185

117. 桃保护地栽植当年如何管理？ …………………… 187
118. 桃保护地栽培保温前如何管理？ ………………… 188
119. 桃保护地栽培催芽期如何管理？ ………………… 190
120. 桃保护地栽培开花期如何管理？ ………………… 192
121. 桃保护地栽培果实发育期如何管理？ …………… 195
122. 桃保护地栽培果实采收后如何管理？ …………… 200
123. 桃保护地延迟栽培如何控制温度？ ……………… 202
124. 果树一边倒栽培是怎么回事？ …………………… 203
125. 果树一边倒栽培有什么好处？ …………………… 204
126. 桃树一边倒栽培怎样进行整形修剪？ …………… 205

十、杏保护地栽培 ………………………………………… 208

127. 杏对环境条件有什么要求？ ……………………… 208
128. 杏保护地栽培如何选配品种？ …………………… 210
129. 杏保护地栽培怎样栽植？ ………………………… 212
130. 杏保护地栽培何时扣棚？ ………………………… 214
131. 杏保护地栽培怎样整形修剪？ …………………… 214
132. 杏保护地栽培怎样进行土肥水管理？ …………… 216
133. 杏保护地栽培怎样进行花果管理？ ……………… 218
134. 杏保护地栽培环境怎样调控？ …………………… 219
135. 杏保护地栽培怎样防治病虫害？ ………………… 221
136. 杏保护地栽培揭膜后如何管理？ ………………… 225

十一、李保护地栽培 ……………………………………… 227

137. 李对环境条件有什么要求？ ……………………… 227
138. 李保护地栽培如何选配品种？ …………………… 229
139. 李保护地栽培怎样栽植？ ………………………… 230
140. 李保护地栽培何时扣棚？ ………………………… 231
141. 李保护地栽培怎样整形修剪？ …………………… 231

142. 李保护地栽培怎样进行土肥水管理? ………………… 234
143. 李保护地栽培怎样进行花果管理? …………………… 235
144. 李保护地栽培环境怎样调控? ………………………… 236
145. 李保护地栽培怎样防治病虫害? ……………………… 237
146. 李保护地怎样进行一边倒栽培? ……………………… 239
十二、樱桃保护地栽培 ………………………………………… 241
147. 樱桃对环境条件有什么要求? ………………………… 241
148. 樱桃保护地栽培如何选配适宜的品种? ……………… 243
149. 樱桃保护地栽培怎样栽植? …………………………… 246
150. 樱桃保护地栽培何时扣棚? …………………………… 247
151. 樱桃保护地栽培怎样整形修剪? ……………………… 248
152. 樱桃保护地栽培怎样进行土肥水管理? ……………… 250
153. 樱桃保护地栽培怎样进行花果管理? ………………… 251
154. 樱桃保护地栽培环境怎样调控? ……………………… 253
155. 樱桃保护地栽培怎样防治病虫害? …………………… 256
十三、枣保护地栽培 …………………………………………… 258
156. 枣为什么要进行保护地栽培? ………………………… 258
157. 枣对环境条件有什么要求? …………………………… 258
158. 枣保护地栽培适宜的品种有哪些? …………………… 260
159 枣保护地栽培怎样栽植? ………………………………… 261
160. 枣保护地栽植后怎么管理? …………………………… 262
161. 枣大树怎样改换优良品种进行保护地栽培? ………… 264
162. 枣保护地栽培扣棚前后怎么管理? …………………… 265
163. 枣保护地栽培怎样进行土肥水管理? ………………… 267
164. 枣树保护地栽培怎样整形修剪? ……………………… 268
165. 枣保护地栽培怎样进行花果管理? …………………… 269
166. 枣保护地栽培环境怎样调控? ………………………… 271

167. 枣保护地栽培怎样防治病虫害? …………………… 272
168. 泾渭鲜枣怎样进行保护地栽培? …………………… 273
169. 枣能否进行保护地一年两熟栽培? ………………… 276
170. 枣怎样进行保护地高效盆栽? ……………………… 277

参考文献 ………………………………………………………… 282

一、果树保护地栽培概述

1. 什么是果树保护地栽培?

果树保护地栽培也叫果树设施栽培。设施栽培是指在不适宜农业作物生长的寒冷或炎热季节，利用保温、防寒或降温、防雨等设施，人为的创造作物生长发育的小气候环境，少受或不受自然季节影响的农业种植业生产。设施栽培在我国长期以来也被称为“保护地栽培”。而果树是指能够生产可供人们食用的果实、种子及其衍生物的多年生植物，北方常见的落叶果树有苹果、梨、葡萄、桃、核桃、柿、栗、枣、杏、李、樱桃等；南方常见的常绿果树有柑橘、香蕉、荔枝等（表 1）。

表 1　果树的分类

<table>
<tr><td rowspan="6">木本果树</td><td rowspan="4">落叶果树</td><td>仁果类</td><td>苹果、沙果（花红）、海棠果、梨、山楂等</td></tr>
<tr><td>核果类</td><td>桃、梅、李、杏、樱桃、枣等</td></tr>
<tr><td>浆果类</td><td>葡萄、柿、猕猴桃、草莓、醋栗等</td></tr>
<tr><td>坚果类</td><td>核桃、山核桃、板栗、榛、银杏等</td></tr>
<tr><td rowspan="2">常绿果树</td><td>柑果类</td><td>柑、橘、橙、柚、柠檬等</td></tr>
<tr><td>其　他</td><td>龙眼、荔枝、椰子、芒果等</td></tr>
<tr><td rowspan="2">草本果树</td><td>乔生</td><td></td><td>香蕉、椰子等</td></tr>
<tr><td>矮生</td><td></td><td>菠萝、草莓等</td></tr>
</table>

果树保护地栽培主要是利用温室、塑料大棚或其他保护设施，改变或控制果树生长发育的环境条件，实现果品成熟期的人

工调节的技术。根据生产的目的可分为避雨栽培、促成栽培、延迟栽培等不同形式，我国北方地区以促成栽培为主。目前，大多数果树保护地栽培的目的是促成早熟，使果品提前上市；部分果树进行延迟栽培，使果品供应淡季市场；少数为防止自然灾害，提高果实品质和商品性而进行。

2. 为什么要进行果树保护地栽培?

果树保护地栽培是果树栽培范围的扩大，是果树栽培的重要组成部分。果树栽培的任务是生产优质、高产、高效、生态、安全的各种果品，满足人们对干鲜果品及其加工品的需求。对于果品生产者来讲，进行果树保护地栽培主要是提高经济效益；对于果树科研工作者来讲，进行果树科学研究也是主要目的之一。最终都体现在社会效益上，达到果树栽培的目的，完成果树栽培的任务。概括起来，果树保护地栽培主要有以下意义：

(1) 调节果品市场供应，满足人们生活需要

保护地果树栽培一般能使北方果树的成熟期提早 50～100 天以上。这样，延长了鲜果供应期，满足了果品淡季市场供应，有的果品甚至可以实现周年供应。北方地区利用栽培设施，还可以引种一些南方果树，丰富市场果品类型。

(2) 实现优质、新鲜和安全果品生产

保护地栽培在有利于人工控制的环境条件下进行。在冬季、早春、晚秋，外界气温低，病虫害无法传染到设施内，病虫害少，只要早期预防，可以大大减少病虫害的发生。因此，可以减少用药次数和数量，从而减少污染。并且，可以使果实果形一致，着色均匀，商品性状好，同时果品新鲜上市。因而能够生产出优质、无公害果品或绿色果品（食品）。

(3) 提高资源利用率

保护地果树栽培可以充分利用土地、劳动力、光能、水等资源。在土地利用方面，适宜建棚的地方很多，并且可以冬季利用土地，这样提高了土地利用率。保护地栽培可缓解由于露地栽培采收期集中带来的争劳力、误农时、运输难等矛盾，解决了冬闲劳力剩余的问题。保护地栽培变冬闲为冬忙，有利于就业，有利于社会的稳定。保护地栽培多在冬季进行，可以充分利用冬季光能，减少水分蒸发，增加农业单位面积产量。

(4) 增加经济效益

我国大多数果树保护地栽培都以早熟上市，部分延迟上市，反季节销售，正当水果淡季，数量少，价格高，经济效益相对提高。同时，利用一些大型的高性能温室和大棚等，并配合一定的栽培措施，可以进行果树的一年两熟、一年三熟栽培，进一步提高产量和效益。还可以扩大树种种类、品种的栽培区域，同样提高经济效益。

(5) 美化环境，拓展果树栽培空间

保护地栽培果树，可以使果树提前或延后开花结果，这样即可在寒冬腊月、早春、晚秋季节观赏花果，还可在果实成熟之时品尝鲜果。果树保护地栽培和果树盆栽相结合，也成为观赏栽培的一部分。保护地栽培果树也已经成为都市农业、旅游观光的重要内容。

3. 果树保护地栽培有哪些类型?

果树保护地栽培按照采用设施的不同，分为地膜覆盖栽培、大棚栽培、温室栽培等类型。

我国北方保护地果树栽培主要以在冬、春季节提供鲜食水果为主要目的，生产方式有两大类：一是以提前果树的生长发育期为手段，实现果实在冬季或早春成熟上市；二是以延迟果树的生长发育期为手段，实现果实在晚秋或冬季成熟上市。具体方式可分为以下几种：

(1) 促成栽培

促成栽培是指在果树未进入休眠或未结束自然休眠的情况下，人为控制进入休眠或打破自然休眠，使果树提早进入或开始下一个生长发育期，实现果实提早成熟上市。这种生产方式在草莓上应用较多，在葡萄、甜樱桃上也有较成功的应用。例如，在人为控制下，不让葡萄休眠，使葡萄一年结二次果，第二次果在12月到来年1月采收。

果树由根、茎、叶、花、果实、种子等器官组成。果树的芽或其它器官处于表现维持微弱生命活动暂时停止生长的现象称为休眠。落叶果树的年周期分为生长期和休眠期两个时期。休眠期从秋季落叶开始到次年春季萌芽为止。果树树体进入休眠后，芽、茎尖、根尖和形成层等暂时停止活动。组织内的代谢降到很低的水平，仅维持其微弱的生命活动。果树的休眠是在系统发育中形成的，是一种对低湿、高湿、干旱等逆境适应的特性。落叶果树的休眠有自然休眠和被迫休眠两种。自然休眠指树体所必需的，要经过一定时间、一定程度低温条件才能通过的休眠，休眠解除后给予适宜生长的环境条件，果树才能正常萌芽生长。通过自然休眠需要的一定时间和一定程度的低温条件，叫需冷量。不通过自然休眠，即使给予适宜生长的环境条件，果树仍不能正常发芽生长。被迫休眠是指由于低温、干旱等不利的外界环境条件限制而暂时停止生长的现象。在自然条件下，落叶果树冬季通过自然休眠后，往往由于周围温度过低而进入被迫休眠。保护地栽培对于休眠的控制，是指对自然休眠的调控，包括促进或延迟休眠、促进或延迟解除休眠以及打破休眠。

(2) 半促成栽培

在自然低温或人为创造低温的条件下，满足果树自然休眠对低温量的要求，自然休眠结束后，提供适宜的生长条件，使果树提早生长发育，实现果实提早成熟上市，这类生产方式为半促成栽培。目前，落叶果树的保护地栽培以这种方式居多。例如葡萄，基本渡过休眠期后即提供适宜的生长条件，一般2月上旬萌芽，3月初至4月上旬开花，5月下旬至6月上旬采收上市。

(3) 延迟栽培

延迟栽培也叫延后栽培。所谓延迟栽培是通过选用晚熟品种和抑制果树生长的手段，使果树推迟生长和果实成熟，实现果实在晚秋或初冬上市。延迟生产在葡萄、桃上应用较多，但目前生产量较小。如果选择生长结果正常的晚熟葡萄园，后期扣棚，可使采收期延后1个月。

(4) 促成兼延迟栽培

促成兼延迟栽培是指在日光温室内，利用葡萄具有一年多次结果习性，实行即提前又延后、一年两熟的栽培形式。生产上采用这种栽培形式的较少。葡萄也不是所有品种都能一年多次结果，进行促成兼延迟栽培必须选用具有一年多次结果习性，且结果良好的品种。

(5) 避雨栽培

避雨栽培也是果树保护地栽培的一种类型，是一种防雨的保护措施，其设施结构类似离地的拱棚。避雨栽培适合于长江流域春季梅雨地区和北方7～8月葡萄成熟期多雨的地区。尤其对于凤凰51、乍娜、玫瑰香、里查马特等品种设置避雨设施，可以减少病果和裂果，取得优质高产。拱形的避雨棚可利用立柱上的横担设拱架扣棚，也可以将事先焊接好的棚架固定在立柱上端，它的投资也较少，架面仍可以通风，不需要特殊管理，还可以适当减少喷药次数，浆果可提前成熟7～10天。

4. 果树保护地栽培需要什么设施?

保护地栽培的设施，是指采用各种材料建造成为有一定空间结构，又有较好的采光、保温和增温效果的设备。它适于在我国北方常规季节内无法进行露地生产的情况下，进行“超时令”或“反季节”果树生产，使果实提前或延后成熟。在我国北方广大的地区，冬季气温在0℃以下，有的地区在－20～－50℃，露地栽培根本不能进行正常的生长发育，而采用保护地设施栽培，能够创造改善生长发育的条件，进行正常的生长。果树保护地栽培的设施主要有地膜、塑料大棚、日光温室等。

果树促成栽培所用保护地设施因地而异。果树促成栽培收获期正值北方寒冷冬季，因此对设施有严格的要求，不是任何设施都能进行的。在我国北方宜采用高效节能日光温室，以及有保温设施的塑料大棚，在冬季基本不加温的情况下，使果品上市期从12月开始一直延续到第二年的5月份。而在长江流域进行果树促成栽培，宜采用塑料大硼，内部再加小拱棚、地膜覆盖，有条件的可增加保温幕。

半促成栽培所用设施，北方多为普通日光温室、塑料薄膜大棚和中拱棚，南方多采用塑料薄膜大、中拱棚。

大棚栽培由于棚架高，跨度大，操作方便，热容量大，保温性能比小拱棚好。大棚内还可进行间作，在严冬时大棚内还可再扣小棚或实施其它技术措施。因此，塑料大棚是当前进行果树半促成栽培的主要形式。

5. 保护地的场地如何选择?

进行果树保护地栽培，首先要选择适宜的场地。所选场地应着重于防寒、保温和充分利用自然资源。场地选择首先应考虑自然条件。

(1) 光照

光照不但影响果树的光合作用，也是保护地热能的主要来源。在寒冷季节里，最重要的是争取最大的光照时数和日射量。因此，应选择空旷没有高大建筑物和树木遮蔽的地方发展保护地，或朝向南或东南呈10°角左右的缓坡地，在这样的坡地上，每天日照最早，时间最长，早春地温容易回升。

(2) 风

微风可使空气流通，有利于果树生长发育，但是大风会降低温度，破坏保护地设备，不利于保护地增温保温，造成危害。因此，在有强烈的季候风地区，宜选择迎风面有天然或人工屏障物的地段，在山区更应注意避开山谷风，选择向阳避风的地段。

(3) 土壤

土壤的物理结构、色泽、地下水位高低，对于地温的影响很大。疏松的黑褐色砂壤土的吸热量大，地温容易提高，最为理想。地下水位高的地方，土壤湿度大，地温不易提高，对根系发育不利；同时也增加室内湿度，容易滋生病害。土壤的类型、质地、肥力、酸碱度等影响果树的生长发育，不同的果树要求不一样，也要考虑。

(4) 水

栽培果树必须有水源，保护地要引水灌溉，也必须有充足的水源。在选择地段时，应靠近有水来源的地方，或有其他方式能够解决灌溉用水。同时要求水质好，水温不可过低，使灌溉后的地温能在短期内回升到原有温度。还要容易排水，以免发生涝害。

(5) 空气

保护地要远离环境污染源，附近不应有灰尘、煤烟等污染，以免影响透光和产品质量。如果进行特种果品的生产，如生产无公害、绿色果品，地点的选择还要符合其特定的要求。

6. 生产无公害果品园地选择有哪些要求?

食品安全是人们关注的焦点，安全生产是果品生产的任务之一。从道理上讲，果品应该绝对安全，具体就是无公害果品和绿色果品（食品）生产。

无公害农产品，包括无公害果品，是指产地环境、生产过程和产品质量符合无公害农产品标准和规范的要求，经认证合格获得认证证书，并允许使用无公害农产品标志的、未经加工或初加工的食用农产品。无公害农产品，包含无污染、安全、优质、营养丰富等内容。按照无公害农产品标准和规范，无公害果品的要求，就是两个方面，一是果品本身的质量，二是没有污染。生产安全果品从园地选择开始就要把好关，特别要注意污染。

为有效避免环境污染，首先土壤不能被污染，园地要远离污染源，选择粉尘和酸雨少的地区或污染源的上游、上风地段。园地距主干公路至少 50 米以上。土壤、大气、水质要符合安全生产要求，有害物质含量不得超过国家标准，并且每隔 2～3 年检测一次（表 2、表 3、表 4）。生产无公害果品时，土壤肥力只作为参考指标（表 5）。

表 2 无公害水果土壤质量要求

项 目		指标，毫克/千克		
		pH<6.5	pH6.5～7.5	pH>7.5
总汞	≤	0.30	0.50	1.0
总砷	≤	40	30	25
总铅	≤	250	300	350
总镉	≤	0.30	0.30	0.60
总铬	≤	150	200	250
六六六	≤	0.5	0.5	0.5
滴滴涕	≤	0.5	0.5	0.5

表 3 无公害水果空气质量指标

项 目	指 标	
	日平均	1 小时平均
总悬浮颗粒物（TSP）（标准状态），毫克/米^3	0.3	
二氧化硫（SO_2）（标准状态），毫克/米^3	0.15	0.5
氮氧化物（NO_2）（标准状态），毫克/米^3	0.12	0.24
氟化物（F），微克/（分米^2·天）	月平均 10	
铅（标准状态），毫克/米^3	季平均 1.5	季平均 1.5

表 4 无公害水果灌溉水质量指标

项 目		指标，毫克/千克
氯化物，毫克/升	≤	250
氰化物，毫克/升	≤	0.5

（续）

项　目		指标，毫克/千克
氟化物，毫克/升	≤	3.0
总汞，毫克/升	≤	0.001
总砷，毫克/升	≤	0.1
总铅，毫克/升	≤	0.1
总镉，毫克/升	≤	0.005
铬（六价），毫克/升	≤	0.1
石油类，毫克/升	≤	10
pH值	≤	5.5～8.5

表5　土壤肥力分级参考指标

项　目	级别	菜地	园地
有机质，克/千克	1	＞30	＞20
	2	20～30	15～20
	3	＜20	＜15
全氮，克/千克	1	＞1.2	＞1.0
	2	1.0～1.2	0.8～1.0
	3	＜1.0	＜0.8
有效磷，毫克/千克	1	＞40	＞10
	2	20～40	5～10
	3	＜20	＜5
有效钾，毫克/千克	1	＞150	＞100
	2	100～150	50～100
	3	＜100	＜50
阳离子交换量，厘摩尔/千克	1	＞20	＞15
	2	15～20	15～20
	3	＜15	＜15
质地	1	轻壤	轻壤
	2	砂壤、中壤	砂壤、中壤
	3	砂土、黏土	砂土、黏土

7. 生产绿色果品园地选择有哪些要求?

绿色果品是绿色食品的重要组成部分。绿色食品是特指遵循可持续发展原则，按照特定生产方式生产，经专门机构认证，许可使用绿色食品标志的无污染的安全、优质、营养类食品。

绿色食品分为两个技术等级，即AA级绿色食品和A级绿色食品。AA级绿色食品符合国际有机食品标准要求，A级绿色食品是我国自己的标准。

AA级绿色食品是指生产地的环境质量符合NY/T 391的要求，生产过程中不使用化学合成的肥料、农药、兽药、饲料添加剂、食品添加剂和其他有害于环境和健康的物质，按有机生产方式生产，产品质量符合绿色食品产品标准，经专门机构认证，许可使用AA级绿色食品标志的产品。生产AA级绿色食品时，土壤、大气、水质要符合安全生产要求（表6、表7、表8），土壤肥力要达到土壤肥力分级1～2级指标（表5）。

A级绿色食品是指生产地的环境质量符合NY/T 391的要求，生产过程中严格按照绿色食品生产资料使用准则和生产操作规程要求，限量使用限定的化学合成生产资料，产品质量符合绿色食品产品标准，经专门机构认证，许可使用A级绿色食品标志的产品。生产A级绿色食品时，土壤、大气、水质要符合安全生产要求（表6、表7、表8），土壤肥力作为参考指标（表5）。

表6　绿色食品土壤中各项污染物的指标要求

毫克/千克

耕作条件	旱田			水田		
pH值	<6.5	6.5～7.5	>7.5	<6.5	6.5～7.5	>7.5
镉　≤	0.30	0.30	0.40	0.30	0.30	0.40
汞　≤	0.25	0.30	0.35	0.30	0.40	0.40

（续）

耕作条件		旱	田		水	田
砷	≤	25	20	20	20	20	15
铅	≤	50	50	50	50	50	50
铬	≤	120	120	120	120	120	120
铜	≤	50	60	60	50	60	60

注

1　果园土壤中的铜限量为旱田中的铜限量的1倍。

2　水旱轮作用的标准值取严不取宽。

表7　绿色食品空气中各项污染物的指标要求（标准状态）

项　目		指　标	
		日平均	1小时平均
总悬浮颗粒物（TSP），毫克/米^3	≤	0.30	—
二氧化硫（SO_2），毫克/米^3	≤	0.15	0.50
氮氧化物（NOx），毫克/米^3	≤	0.10	0.15
氟化物（F）	≤	7微克/米^3	20微克/米^3
		1.8微克/（分米^2·天）（挂片法）	

注

1　日平均指任何一日的平均指标。

2　1小时平均指任何一小时平均指标。

3　连续采样三天，一日三次，晨、午和夕各一次。

4　氟化物采样可用动力采样滤膜法或用石灰滤纸挂片法，分别按各自规定的指标执行，石灰滤纸挂片法挂置7天。

表8　绿色食品农田灌溉水中各项污染物的指标要求

项　目		指　标
pH值		5.5～8.5
总汞，毫克/升	≤	0.001

（续）

项　　目		指　标
总镉，毫克/升	≤	0.005
总砷，毫克/升	≤	0.05
总铅，毫克/升	≤	0.1
六价铬，毫克/升	≤	0.1
氟化物，毫克/升	≤	2.0
粪大肠菌群，个/升	≤	10 000

注　灌溉菜园用的地表水需测粪大肠菌群，其他情况不测粪大肠菌群。

8. 保护地的场地怎样规划?

保护地要进行规划，特别是面积大、设施数量多时，在场内更应合理地安排，进行规划设计。保护地的场地一般应为东西延长的长方形。以利于防寒保温，便于采光，经济利用土地，以及作业方便为原则。

温室场地，其附属设备应建在温室群的北面。前后排温室的间距，原则是根据冬季时前排温室所产生遮荫不影响后排温室采光为宜。临时性温室的前后排距离应稍大于一栋温室的跨度，以便轮作，一般间距 6～8 米。

塑料棚可采取单列式、对称式或平行式的排列，以对称式排列最好。两棚并列的间距为 1～2 米，棚头间相距 3～4 米，兼做作业道和设灌水渠。棚的四周应设排水沟。多风地区可采用交错排列，以免造成通道，而加大风的流速，形成风害。

各种类型设施的方向，要根据地形、地块的大小等条件因地制宜加以确定。塑料棚的方向，一般以南北向延长为好，便于上午、下午都能受光，棚内东西两侧受光均匀，气温较均衡。温室等采用东西向延长为好，便于在早春接受阳光及加设防寒保温设备。

二、保护地设施

9. 什么是地膜？地膜有哪些种类？

地膜通常是指厚度在 0.005～0.03 毫米，专门用来覆盖地面保护作物根系的一类农用薄膜的总称。

地膜的种类很多，按树脂原料可分为高压低密度聚乙烯地膜、低压高密度聚乙烯地膜等。按其性质和功能可分为无色透明地膜、有色地膜、特殊地膜等。

(1) 普通地膜

为无色透明地膜，这种地膜透光性好，覆盖后增温快，地温高，但杀草效果差。主要适合于低温期以增温早熟为主要目的的栽培。

①高压低密度聚乙烯（LDPE）地膜。简称高压膜，是用高压低密度聚乙烯树脂经挤出吹塑成型制得。厚度为 0.014±0.003 毫米，幅度有 40～200 厘米多种规格。每 666.7 米^2 用量 8～10 千克。该膜透光性好，地温高，容易与土壤黏着。是生产上主要的地膜种类。

②低压高密度聚乙烯（HDPE）地膜。简称高密度膜，由低压高密度聚乙烯经挤出吹塑成型制得。强度大，厚度 0.006～0.008 毫米，666.7 米^2 用量 4～5 千克。此种地膜强度高，光滑，但透光性及耐老化性不如高压膜，与土壤密贴性差，在沙质土壤上不易覆盖严实；增温、保水、增产效果与高压膜基本相

同；但用膜量减少，因而成本低。

③线型低密度聚乙烯（L-LDPE）地膜。简称线型膜，由L-LDPE树脂制成。厚度0.005～0.009毫米。除具有高压低密度聚乙烯的性能外，拉伸强度、断裂伸长率、抗穿刺性等均优于高压低密度聚乙烯。在达到高压膜相同覆盖效果的情况下，地膜厚度可减少30%～50%。除可制成纯线型聚乙烯地膜外，也可按一定比例与高压低密度聚乙烯混合，制成共混地膜。共混地膜的机械性能要远远优于LDPE地膜，且666.7米^{2}用量减少三分之一，成本降低，而效果相同。

(2) 有色地膜

在聚乙烯树脂中加入带色母料，可制得各种不同颜色的有色地膜。有色地膜增温效果不如无色地膜，但依其对光谱的吸收和反射规律不同，对杂草、病虫害、作物生长、地温变化等均可产生特殊的影响。目前在一些特殊栽培中应用的比较多。有色地膜也有多种。

①黑色膜。是在聚乙烯树脂中加入2%～3%的黑色母料，经挤出吹塑制成。厚度0.01～0.03毫米，666.7米^{2}用量7～12千克。黑色地膜的透光率在10%以下，在阳光照射下，本身增温快，温度高，发生软化，但热量不易传给土壤，因而土壤增温效果差，但保湿与灭草效果稳定可靠。主要用于防杂草覆盖栽培。

②绿色膜。是在聚乙烯树脂中加入一定量的绿色母料经挤出吹塑制成。绿色膜主要能使植物进行旺盛光合作用的可见光（即光波长为0.4～0.72微米光谱）透过量减少，而绿色光增加，因而降低了地膜下植物的光合作用，使杂草的生长受到抑制，起到抑草和灭草的作用；对土壤的增温作用不如透明膜，但强于黑色膜，对有些作物地上部生长有利。但此类膜造价较高，使用寿命较短。用于果树等经济价值较高的作物。

③**银灰色膜**（防蚜膜）。是在聚乙烯树脂中加入一定量的铝粉或在聚乙烯地膜的两面粘接一层薄薄的铝粉后制成。银灰色地膜对光反射能力强，透光率为25.5%，故土壤增温不明显；防草和增加近地面光照的效果比较好；对紫外线的反射能力极强，能够驱避蚜虫、黄条跳甲、象甲等，减轻虫害和病毒危害。多用于以防草、防虫和防病毒等为主要目的的覆盖栽培，也适合于高温季节降温覆盖栽培。

④**黑白双面膜**。是由黑色和乳白色两种地膜经复合而成。厚度0.02毫米，666.7米^{2}用量10千克左右。覆盖时，乳白色面朝上，黑色面朝下。能增强反射光，降低地温，保持土壤湿度，消灭杂草，驱害虫。主要用于夏秋季降温、保湿和防虫覆盖栽培。

另外有银黑双面膜等。

(3) 特殊地膜

特殊地膜是指一些有特殊功能和用途的地膜。

①**耐老化长寿地膜**。是在聚乙烯树脂中加入2%～3%的耐老化母料，经挤出吹塑而成。厚度为0.015毫米，666.7米^{2}用量8～10千克，有强度高、耐老化等特点，使用期可较一般地膜延长45天以上。不仅适用于“一膜多用”覆盖栽培，旧地膜保持较完整，容易清除，不致残留土壤中，耽误耕作。

②**除草地膜**。是在聚乙烯树脂内加入一定量的除草剂母料，经挤出吹塑制成。覆盖地面后，地膜表面聚集的水滴可以溶解析出的除草剂，滴落于土壤表面形成合药层，能杀死出生的小草。主要用于杂草较多或不便于人工除草地块的防草覆盖栽培。

③**有孔地膜**。在地膜制造过程中，按不同作物所要求的株行距，在地膜上先打上一定大小的孔再收卷的称为有孔膜。这种膜使用方便，节省打孔用工，株行距整齐，提高了播种及定植效率。多为某种作物的专用膜，工厂也可根据用户的特殊要求进行打孔。

④无滴地膜。是在聚乙烯树脂中加入无滴剂后吹塑而成。这种地膜透光性比较好，土壤增温快。适于低温期及保护地覆盖栽培。

⑤光解地膜。也叫自然崩溃膜，是在聚乙烯树脂中加光降解剂（或在聚合物中引入光敏基因），经挤出吹塑而成。此种地膜覆盖后，经过一定时间（如60天、80天等），由于自然光线的照射，会使地膜高分子结构陡然降解，很快变成小碎片到粉末状，最后可被微生物吸收利用，即达到所谓“生物降解”，对土壤、植物均无不良影响。主要优点在于节省回收废旧地膜的用工，防止地膜残留污染，保持农田清洁环境，属于“环保地膜”。

另外有水枕地膜、红外地膜、保温地膜等。

10. 什么是地膜覆盖？地膜覆盖有哪些方式？

地膜覆盖是塑料薄膜地面覆盖的简称，它是用很薄的塑料薄膜紧贴在地面上进行覆盖的一种栽培方式，是现代农业生产中既简便又有效的增产措施之一。

果园土壤管理可以采用覆盖法，包括地面覆草、地膜覆盖等。覆盖地膜对提高幼树栽植成活率和土壤水分利用率、促进实着色效果显著。地膜覆盖尤其适于旱作果园和幼龄果园。但覆盖地膜使土壤有机质消耗快，应注意增施有机肥。地膜覆盖在果树育苗、草莓等草本果树栽培上应用较多，成年木本果树也可单独使用地膜覆盖（图1）。果树保护地栽培采用预备苗技术培育大苗时，多采用不同方式的地膜覆盖。

地膜覆盖与其他保护地设施配合使用比较普遍，且效果好。在地膜覆盖的基础上，再加盖塑料小拱棚称为双层覆盖，俗称“二膜”（图2）。果树保护地栽培时，塑料大棚和日光温室中多采用地膜覆盖，以提高地温，控制湿度。

地膜覆盖栽培的方式很多，主要是根据各地的土质、气候条

图1　葡萄地膜覆盖

图2　草莓小拱棚地膜覆盖

件、作物种类与栽培习惯，以及不同的栽培目的来确定。

(1) 平畦覆盖

在原栽培畦的表面覆盖一层地膜，为防风揭膜，四周及畦埂处应压土封严。平畦覆盖可以是临时性的覆盖，也可以是全生育期的覆盖。平畦覆盖便于灌水，初期增温效果好，但后期由于随灌水带入的泥土盖在薄膜上面，而影响阳光射入畦面，降低增温效果。平畦覆盖雨后要及时排水。

地膜不铺在地面，而是先搭小拱架，将地膜盖在拱架上，形似小棚架，叫支撑覆盖。

(2) 高畦覆盖

畦面整平整细后，将地膜紧贴畦面覆盖，两边压入畦肩下部，两头封严。此种方法地温高，水分分布均匀，土壤疏松。为方便灌溉，常规栽培大多采用窄高畦覆盖栽培，一般畦面宽60～80 厘米，高 10～20 厘米，灌水沟宽 30～50 厘米；滴灌栽培则主要采取宽高畦覆盖形式。

(3) 高垄覆盖

整地施肥后，一般按 45～60 厘米宽，10～15 厘米高起垄，成龟背状，每一垄或两垄盖一幅地膜，分别称为单垄覆盖和双垄覆盖。为减少灌水量，提高灌水质量，双垄覆盖的膜下垄沟要浅。高垄覆盖比平畦覆盖地温高 1～2℃。

(4) 沟畦覆盖

沟畦覆盖又叫改良式高畦地膜覆盖。即把栽培畦做成沟，在沟内栽植，沟上覆盖地膜。当植株长到接触地膜时，将地膜开口，植株长出地膜。这种方式既能提高地温，也能增高沟内空间的气温，使植株沟内避霜、避风，故兼具地膜和小拱棚的双重作用。但此方式果树栽培用的不多。

11. 地膜覆盖对土壤有什么影响?

地膜覆盖对土壤的影响包括：

(1) 提高地温

由于透明地膜容易透过短波辐射，而不易透过长波辐射，同时地膜减少了水分蒸发的潜能放热，因此，白天太阳光透过地膜，使地温升高，并不断向下传导而使下层土壤增温；夜间土壤长波辐射不易透过地膜而比露地的土壤放热少，所以，地温高于露地。据观测，春季地膜覆盖后一般可使0～10厘米土层的温度升高2～6℃，有时可达10℃以上。

(2) 保持水分

地膜不透水，可以防止土壤水分的蒸发，较长时间保持土壤水分的稳定。因而可以减少灌溉次数，节约用水。同时，地膜覆盖使渗水困难，地表流量加大，浇水时可防止上层土壤中的水分过多，使土壤含水量比较稳定；雨季可减轻涝害。

(3) 改善土壤结构

地膜覆盖后能避免或减轻土壤表面风吹雨淋的冲击，减少中耕、除草、施肥、浇水等作业的践踏而造成的土壤板结和沉实，使土壤保持疏松透气状态，增加土壤团粒结构。

(4) 提高土壤肥力

由于地膜覆盖改善了土壤的温度、湿度条件，使微生物活动旺盛，加速了土壤有机质的分解，以及其它养分的转化，土壤中速效养分的含量明显增加。

(5) 防止地表盐分积聚

地膜覆盖减少土壤水分蒸发，从而也减少了随水分带到土壤表面的盐分，防止土壤返碱，减轻盐渍危害。

(6) 抑制杂草生长

地膜覆盖后的高温、避光、缺氧等环境，能抑制杂草生长。尤其在透明地膜覆盖的非常密闭和采用黑色地膜、绿色地膜的情况下，灭杀杂草的效果更为突出。

12. 地膜覆盖对地面有什么影响?

地膜覆盖对地面的影响包括：

(1) 增加光照

由于地膜具有反光作用，因而使近地面光照增强。据测定，无论露地还是保护地，地膜覆盖均可使地面以上 1.5 米的空间光照增强，而以 0～40 厘米范围内的增光最为明显。

(2) 降低相对湿度

由于地膜覆盖减少了地面蒸发，使近地面空间的空气湿度降低，进而抑制或减轻病害的发生。

地膜覆盖对土壤、地面等都有一定的影响，总起来说都改善了果树的环境条件，从而影响果树，对果树的生长、发育、产量、成熟期、品质、适应性、抗逆性等都会产生影响。

13. 什么是塑料棚？塑料棚有哪些类型?

塑料棚是塑料薄膜拱棚的简称，是将塑料薄膜覆盖在支架上而搭成的棚。与温室相比，塑料棚具有结构简单，建造和拆装方便，一次性投资较小的优点，在生产上应用普遍。

根据大小、管理人员在棚内操作是否受影响等因素，塑料棚可分为小棚、中棚和大棚（图 3)。各种棚的划分很难有严格的界限，各地标准也有差异，下面的规格仅供参考。

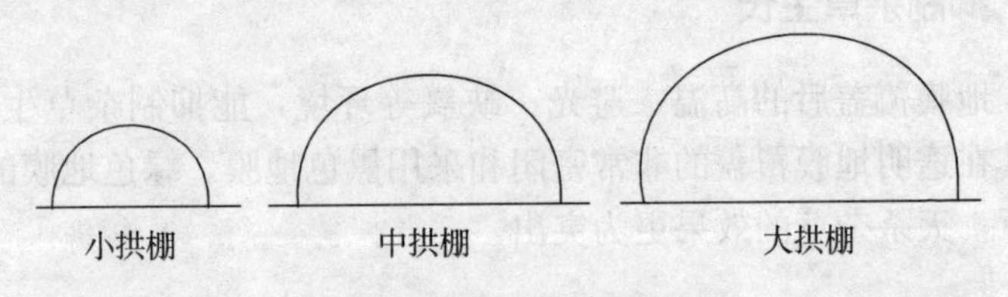

图3 塑料薄膜拱棚的类型

（1）塑料小拱棚

塑料小拱棚习惯上称为小拱棚。棚高1米以下，宽3米以内，长度不限，多为10～30米，面积多在60米^{2}以内，管理人员不能在棚内操作，只能将薄膜揭开在棚外操作。小拱棚主要用于果树育苗、假植，以及草莓栽培等。

（2）塑料中拱棚

多称中棚。高1.5～1.8米，宽3～6米，长10米以上，面积60～120米^2，管理人员勉强能在棚内操作。中拱棚可以用于果树育苗，草莓栽培等。

（3）塑料大拱棚

多称塑料大棚。高2～3米，宽8米以上，长30米以上，面积300米^{2}以上。管理人员可以在棚内方便地操作。大拱棚可以用于木本果树栽培。

根据棚面的形状、支架的用材等，塑料棚也可分为不同的类型。

14. 小拱棚有哪些类型？其结构如何？怎样建造？

根据棚面的形状不同，小拱棚有拱圆形、半拱圆形和双斜面形之分。生产上应用最多的是拱圆形小拱棚，它是将架杆弯成弓形，两端插入土中，按一定距离排列，上覆薄膜，棚面呈近半圆形（图 2、图 4）。亦可外用压杆或压膜线等固定薄膜。为提高防风保温能力，还可设置风障、夜间加盖草帘等。为防止拱架弯曲，必要时可在拱架下设立柱。

图 4　塑料小拱棚

小拱棚建造主要有以下技术：

(1) 选用材料

主要采用毛竹片、竹竿、荆条、粗 6～8 毫米的钢筋等作支架材料，习惯上称为架杆和拱杆。

(2) 架体建造

架杆插入地下不少于 20 厘米，近半圆形起拱，起拱形状、高低、宽度要尽可能一致。竹片、竹竿、荆条等作架杆时，粗的一端要插在迎风一侧。架杆平行设置，间距 0.5～1 米为宜。为使其牢固，可用架材和 8# 铅丝把架杆连成整体。

(3) 覆盖薄膜

用 0.05～0.1 毫米厚的聚氯乙烯或聚乙烯薄膜覆盖在架体

上，膜要绷紧，四周用土压严。必要时用细竹竿或荆条作压杆，压住薄膜，将压杆固定在架杆上。

15. 塑料中棚有哪些类型？其结构如何？

塑料中棚的棚体大小、结构的复杂程度、建造的难易程度、费用，以及环境条件等特点均介于小塑料拱棚和塑料大棚之间。可以看作是小拱棚与大棚的中间类型。

常用的塑料中棚主要为拱圆形结构。按所用材料的不同可分为竹片结构、钢架结构、竹片与钢架混合结构，以及管架装配式塑料中棚，如 GP－Y6－1 型和 GP－Y4－1 型塑料中棚等。

塑料中棚跨度为 6 米时，高度 2 米左右，肩高 1～1.5 米；跨度为 4.5 米时，高度 1.8 米左右，肩高 1 米左右为宜；跨度 3 米时，高度 1.5 米，肩高 0.8 米为宜；长度可根据需要及地块长度确定。

16. 塑料大棚的基本结构如何？

塑料大棚主要由立柱、拱杆、拉杆、压杆、棚膜等部分组成（图 5）。

（1）立柱

指下部埋入地下，垂直于地面的柱。其主要作用是支撑拱杆和棚面，防止上下浮动及变形。在竹拱结构的大棚中，立柱还有拱杆造形的作用。立柱主要用水泥预制柱，部分大棚用竹竿、木棍、钢架等作立柱，粗 5～8 厘米。立柱纵横呈直线排列，竹拱结构塑料大棚立柱较多，一般间距 2～3 米，中间柱高，向两侧逐渐变低，形成自然拱型。钢架结构塑料大棚立柱较少，一般只有边柱或不设立柱。

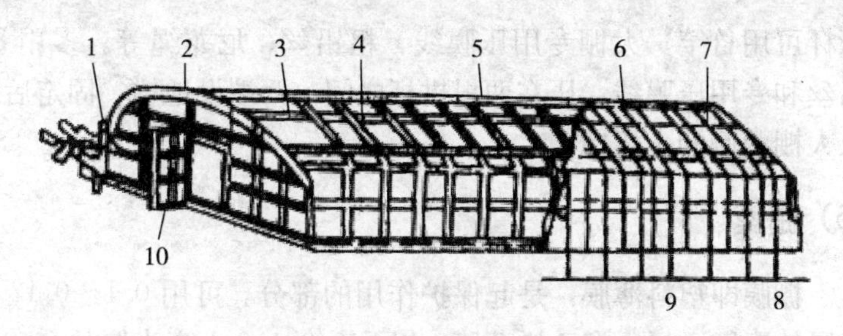

图 5　塑料大棚的基本结构

1. 卷膜机　2. 立柱　3. 拉杆
4. 拱杆　5. 卡膜槽　6. 薄膜　7. 压膜线
8. 木桩　9. 铁丝　10. 门

竹木结构的大棚立柱较多，使棚内遮荫，作业不方便，可采用“悬梁吊柱”式大棚，即将纵向立柱减少，而用固定在拉杆上的小悬柱代替。小悬柱高 30 厘米左右，在拉杆上的间距为0.8～1.0 米，拱杆间距一致。

(2) 拱杆

拱杆是大棚起拱搭架的材料，是大棚的骨架。主要作用是决定大棚棚面造形，还起支撑棚膜的作用。拱杆主要用竹竿、毛竹片、钢梁、钢管、硬质塑料管等。拱杆按大棚跨度要求两端插入地中，其余部分横向固定在立柱顶端，成为拱形，一般每隔 0.8～1 米一道拱杆。

(3) 拉杆

指与拱杆垂直纵向放置的材料，可以纵向连接拱杆，固定压杆，使大棚骨架连成一个稳固的整体。拉杆一般用直径 3～4 厘米的竹竿、钢梁、钢管等。

(4) 压杆

指位于棚膜之上的材料，起固定、压平、压紧棚膜的作用。

压杆可用竹竿、大棚专用压膜线、粗铅丝、尼龙绳等。多用 8# 铅丝和专用压膜线，压在两根拱杆之间，两端设地锚，固定后埋入大棚两侧的土壤中。

（5）棚膜

棚膜即塑料薄膜，是起保护作用的部分。可用 0.1～0.12 毫米厚的聚氯乙烯、聚乙烯薄膜，以及 0.08～0.1 毫米厚的醋酸乙烯薄膜。目前生产上多使用无滴膜、长寿膜、耐低温防老化膜等多功能膜。大棚宽度小于 10 米，顶部可不留放风口；宽度大于 10 米，难以靠侧风口对流通气，需在棚顶设通风口，可将棚膜分成 2～4 块，相互搭接在一起，重叠 20～30 厘米，以后从搭接处扒开缝隙防风。接缝位置通常在顶部及两侧距地面 1 米左右处。

（6）门窗

大棚两端各设大门，供人出入，门的大小要考虑作业方便与保温。大棚顶部可设出气天窗，两侧设进气侧窗，即上述的通风口。

17. 塑料大棚有哪些类型?

塑料大棚的类型很多，可以从不同的角度予以划分。同一大棚可能属于不同的类型。

（1）按棚顶形状分

按塑料大棚棚顶的形状，分为拱圆形和屋脊形，我国生产上绝大多数为拱圆形。

（2）按建造材料分

按建造材料的不同，分为竹木结构、钢架结构、管材组装结构、混合结构塑料大棚等。

竹木结构用横截面 8～12 厘米×8～12 厘米的水泥柱作立柱，用直径 5 厘米左右的竹竿或宽 5 厘米、厚 1 厘米的竹片作拱杆，一般 0.8～1 米一道拱杆。竹木结构大棚建造成本比较低，但拱杆寿命比较短，需定期更换，且立柱较多，遮荫多，作业不方便（图 6）。

图 6　拱圆形竹木结构大棚

钢架结构大棚主要使用 8～16 毫米的圆钢以及 1.27 厘米或 2.54 厘米的钢管加工成双拱圆形铁梁拱架。钢梁的上弦用规格较大的圆钢或钢管，下弦用规格小一些的。上下弦间距 20～30 厘米，中间用 8～10 毫米圆钢连接。拱梁间距一般 1～1.5 米，架间用 10～14 毫米圆钢相互连接。钢架结构大棚坚固耐用，棚内无柱或有少量支柱，空间大，便于作物生长和人工作业，也便于安装自动化管理设备。但用钢材较多，成本较高，钢架本身对塑料薄膜也易造成损坏（图 7）。

管材组装结构大棚由一定规格的薄壁镀锌钢管或硬质塑料管材，加上相应的配件，按照组装说明进行固定连接而成。这类大棚结构设计比较合理，可大批量工厂化生产；重量轻，强度好，耐锈蚀，易于安装拆卸；棚内采光好，作业方便；规格型号较多，便于选择。但目前造价尚高（图 8）。

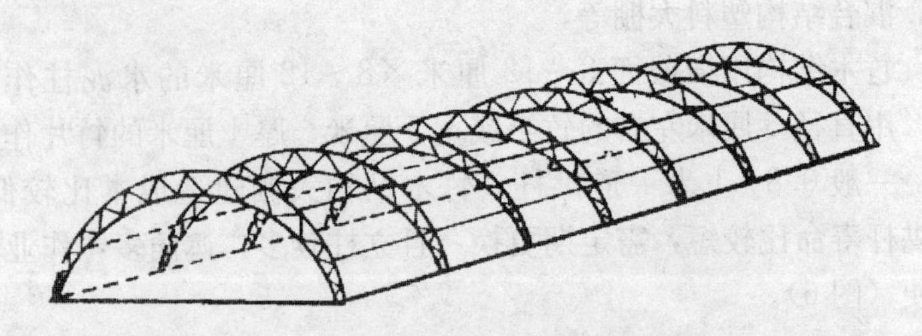

图 7　钢架无柱大棚示意图

图 8　拱圆形装配式管架大棚（辽宁农业职业技术学院）

混合结构大棚每隔 2～3 米设一钢梁拱架，用钢筋或钢管作为纵向拉杆，间距约 2 米，将拱架连接在一起。钢架间纵向拉杆上每隔 1～1.2 米焊一短的立柱，在短立柱的顶端架设竹拱杆，与钢拱架相同排列。混合结构大棚特点介于钢架结构与竹木结构大棚之间。图 9 为山东省的甜樱桃塑料大棚。大棚骨架采用木杆、竹劈及镀锌钢管、水泥柱。大棚脊高 6～6.5 米，肩高 3～3.5 米，跨度 12～16 米，单棚面积在 1 000～2 440 米^2，部分采用连栋大棚，面积在 2 440～6 666 米^2。每 666.7 米^2 投资在 1 万～4 万元。为了预防低温，棚内铺设加温管道，燃烧木材或煤加温。

（3）按棚顶数量分

分为单栋大棚和连栋大棚。单栋大棚只有 1 个拱圆形棚顶，

图9 混合结构大棚（山东省临朐县樱桃大棚）

连栋大棚有2个以上拱圆形或屋脊形的棚顶。

18. 建造塑料大棚怎样进行设计?

塑料大棚的建造包括选择地点、确定位置、结构设计与建造施工等内容。

太阳辐射既是大棚热量的来源，也是果树光合作用的能量来源。大棚设计的关键是最大限度地把太阳光引入大棚。大棚的设计要求棚内的小气候条件优良，特别是光照条件要好；棚体结构牢固，能抵抗风、雪等不良天气；有利于生产管理，不损害人体健康，方便机械化作业；土地利用率高；建造费用低。设计包括以下内容：

(1) 规格

适宜长度为30～60米，最长不宜超过100米。如果过短，棚内环境变化剧烈，保温性差；过长则管理不方便，易造成局部环境难以控制。宽度8～16米为宜，过宽则通风不良，且易受风雨雪等危害。大棚高度在满足作物生长需要和管理方便的原则下，尽可能矮一些，竹木结构大棚中高1.8～2.5米，边高1～1.5米；钢架大棚中高2.8～3.0米，边高1.5～1.8米。

(2) 方位

大棚以塑料薄膜为覆盖材料，全面透光，因此它的方向和棚顶角度不及温室严格。从光照状况来看，天空的散射光在各种情况下对透光率没有太大的影响。但是太阳的直射光在薄膜的入射角，却与大棚的方位和棚顶角度关系很大。当入射角增加时，棚表面的反射率也明显加大。太阳光与棚面呈垂直照射时，透光量最大为90%；与棚面偏30°，光量损失2.7%；与棚面偏45℃，光量损失11.2%；与棚面偏60°，光的损失41.2%。因此，确定棚的方向时要根据当地纬度和太阳高度角来考虑。

塑料大拱棚的基本方位为东西延长的南北方位和南北延长的东西方位。一般来说，东西方位南北延长的大棚光照分布是上午东部受光好，下午西部受光好。棚内光照是午前与午后相反，但就日平均来说受光基本相同。棚内受光量东西相差大约为4.3%，南北相差2.1%，植株表现受光均匀，不受“死阴影”的影响，棚内局部温差较小。南北方位东西延长的大棚采光量大，增温快，并且保温性也比较好，但容易遭受风害，大棚过宽时，南北两侧的光照差异也比较大。该方位比较适合于跨度8～12米、高度2.5米以下的大棚以及春秋季风害较少的地区。确定棚向方位虽受地形和地块大小等条件的限制，需要因地制宜加以确定，但应考虑主要生产季节，选择正向方位，不宜斜向建棚。

(3) 棚面

生产上棚面以拱圆形为主，高度和宽度确定后，棚面成自然拱圆。

大棚的棚边主要有弧形和直立形两种，弧形棚边的抗风能力比较强，对提高大棚的保温性能、扣膜质量等也比较有利，但棚两侧的空间低矮，不适于栽培高架作物。直立棚边的大棚的两侧比较宽大，通风好，适于栽培各种作物，目前应用较为普遍。直立棚边的主要缺点是抗风能力较差，棚边的上沿也容易磨损薄膜，生产中应采取相应的措施予以弥补，减少其不良影响。

大棚屋脊部延长线方向的两端称为“棚头”，棚头形状有拱形和平面垂直形两种。拱形棚头呈自然弧形，竹木结构大棚棚头第一行立柱要用两根斜柱支撑，使其稳定，棚头部位每隔1米插1根竹竿，上端固定在第一根拱杆上，使之弯成弓形，即成弓形棚头。钢架大棚为定型产品，购买时自由选型。此种棚头为流线型，抗风能力较强，但建造较费工、费料。弓形棚头的门凹入棚头安装。垂直平面棚头只需将第一根拱杆用立柱垂直支撑，并用横杆固定成架，不再起拱。此种棚头建造省工、省料，但抗风能力不如拱形棚头。

棚门设在棚头中部、两端均可。

（4）通风口

塑料大拱棚的通风口主要分为窗式通风口、扒缝式通风口和卷帘式通风口三种。

窗式通风口为固定式通风口，主要用于钢材结构大棚，采取自动或半自动方式开、关，管理比较方便。扒缝式通风口是从上、下相邻两幅薄膜的叠压处，扒开一道缝进行防风，通风口大小可根据通风需要进行调整，比较灵活，但容易损坏薄膜，并且叠压缝合盖不严时，保温性差，膜面也容易积水。卷帘式通风口使用卷杆向上卷起棚膜，在棚膜的接缝处露出一道缝隙进行通风，卷杆向下移动时则关闭通风口，通风口大小易于调节，接缝处的薄膜不易松弛，叠压紧密，多用于钢拱结构大棚和管材结构大棚，采取自动或半自动方式卷放薄膜。

19. 建造塑料大棚怎样进行施工?

设计完成后，即可进行建造施工。施工时间根据当地具体情况安排。

(1) 埋立柱

立柱埋深 30～40 厘米，纵横成排成列，立柱顶端的“V”形槽方向要与拱杆的走向一致，同一排立柱的地上高度要一致。

(2) 固定拉杆与拱杆

有立柱大棚，拉杆一般固定在立柱的上部，离顶端 30～40 厘米。钢架无立柱大棚，一般在安装拱架的同时焊接拉杆。弧形棚边大棚用竹竿或竹片作拱杆时，粗头朝下，两端插入土中，或用铁丝固定在边柱上；直立棚边大棚的竹竿或竹片粗头朝下，固定到边柱顶端，并用铁丝绑牢，拱杆的两端与边柱的外沿齐平。安装钢拱架时，先进行临时固定，待按设计要求调整好位置后，将各焊点一次焊牢，并焊好拉杆，最后将临时固定支架撤掉。

(3) 扣膜

首先确定大棚用膜的种类，选无风或微风天扣膜。采用扒缝式及卷帘式通风口的大棚，适宜薄膜幅宽为 3～4 米。扣模时从两侧开始，由下向上逐幅扣膜，上覆膜的下边压住下覆膜的上边，上、下两幅薄膜的膜边叠压缝宽不少于 20 厘米。棚膜拉紧拉平拉正后，四边挖沟埋入地里，同时上压杆压住棚膜。采用窗式通风口的大棚多是将几幅窄薄膜连接成一幅大膜扣膜，以加强棚膜的密封性，增强保温能力。

(4) 上压杆或压膜线

压膜线和粗竹竿多压在两拱架之间，细竹竿则紧靠拱架，固定在拱架上。

20. 什么是温室？温室的基本结构如何？

温室一般是指具有屋面和墙体结构，增温和保温性能良好，可以在严寒条件下进行农业生产的保护设施的总称。

常用的温室主要由墙体、后屋面、前屋面、立柱以及保温覆盖物等几部分组成（图 10）。

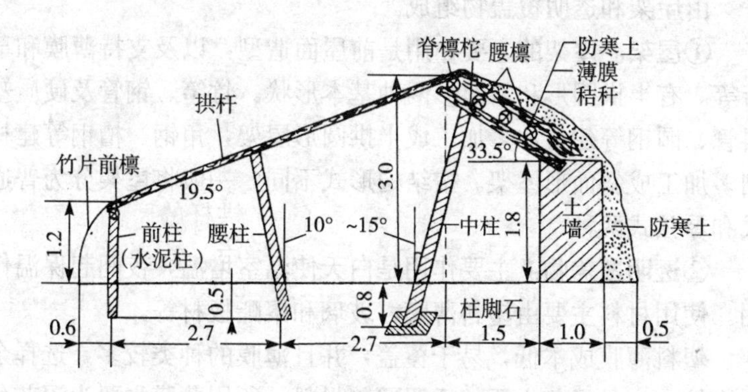

图 10　竹木骨架温室示意图（单位：米）

(1) 墙体

墙体包括后墙和东、西侧墙，一般由土、草泥、砖石等建成，玻璃温室以及硬质塑料板材温室则为玻璃墙或塑料板墙。泥、土墙通常做成上窄下宽的“梯形墙”，一般基部宽 1.2～1.5 米，顶部宽 1～1.2 米。砖石墙一般建成“夹心墙”或“空心墙”，宽度 0.8 米左右，内填充蛭石、珍珠岩、炉渣等保温材料。

后墙高度1.5～3米。侧墙前高1米左右，后高同后墙，脊高2.5～3.8米。

(2) 后屋面

普通温室的后屋面主要由粗木、秸秆、草泥以及防潮薄膜等组成。秸秆为主要的保温材料，一般厚20～40厘米。砖石结构温室的后屋面多由钢筋水泥预制柱或钢架、泡沫板、水泥板和保温材料等构成。后屋面的主要作用是保温以及放置草苫等。

(3) 前屋面

由屋架和透明覆盖物组成。

①**屋架。**屋架的主要作用是前屋面造型，以及支持薄膜和草苫等。有半拱圆形和斜面形两种基本形状。竹竿、钢管及硬质塑料管、园钢等建材，多加工成半拱圆形屋架，角钢、槽钢等建材则多加工成斜面形屋架。按结构形式不同，一般将屋架分为普通式和琴弦式两种。

②**透明覆盖物。**主要作用是白天使温室增温，夜间起保温作用。使用材料主要由塑料薄膜、玻璃和聚酯板材等。

塑料薄膜成本低，易于覆盖，并且薄膜的种类较多，选择余地也较大，是目前主要的透明覆盖材料。所用薄膜主要为深蓝色聚氯乙烯无滴防尘长寿膜和聚乙烯多功能复合膜。

玻璃的使用寿命长，保温性能也比较好，但费用较高，并且自身重量大，对拱架的建造材料种类、规格以及建造质量等的要求也比较严格，目前已较少使用。

聚酯板材主要由玻璃纤维强化聚酯板（ERP板）和聚碳酸酯板（PC板）。聚酯板材的比重轻、保温好、透光率高、使用寿命长，一般可连续使用10年以上，在国际上呈发展趋势，我国聚酯板材温室近两年也有了一定的发展。

(4) 立柱

普通温室内一般有3～4排立柱。按立柱所在温室中的位置，分别称为后柱、中柱和前柱。后柱的主要作用是支持后屋面，中柱和前柱主要支持和固定拱架。立柱主要为水泥预制柱，横截面规格为10～15厘米×10～15厘米。一般埋深40～50厘米。后排立柱距离后墙0.8～1.5米，向北倾斜5°左右埋入土中，其他立柱则多垂直埋入地里。钢架结构温室以及管材结构温室内一般不设立柱。

(5) 保温覆盖物

主要作用是在低温期保持温室内的温度，主要有草苫、纸被、无纺布、宽幅薄膜以及保温被等。

①草苫。成本低，保温性好，是目前使用最多的保温覆盖材料。其主要缺点是使用寿命比较短，一般连续使用时间只有3年左右。另外，草苫的体积较大，不方便收藏，也容易被雨雪打湿，降低保温性能。草苫主要有稻草苫和蒲草苫两种，以前者应用较普遍。温室用草苫一般厚3厘米以上，宽1.2～2米，长以前后屋面而定。

②纸被。多用牛皮纸缝合而成。一般一张由4层牛皮纸缝合的纸被，可提高气温3～5℃，保温效果好，并且体积小，重量轻，易于收存。其主要缺点是容易吸湿受潮，且受潮后易破碎。纸被主要作为辅助保温材料，在冬季严寒地区与草苫结合使用，覆盖在草苫下，加强保温效果。

③无纺布。是用涤纶长丝、丙稀等材料加工制成的化纤布。无纺布的重量轻，气密性好，保温效果明显，使用寿命长，一般可连续使用3年以上。其主要缺点是成本比较高。无纺布主要用作辅助保温材料，冬季严寒期间覆盖在草苫下，与草苫一起来保持温室的温度。无纺布是用每平方米的重量（克）来品名的，规

格从 20～200 克不等，温室保温多选择厚度大的重型无纺布。

④**宽幅薄膜。**主要是幅宽 8 米以上的普通聚乙烯薄膜，亦可用由温室上撤下的旧棚膜代替，以降低成本。宽幅薄膜作为温室的辅助保温材料，通常覆盖在草苫的上面，在加强保温的同时，也能防止草苫被雨雪打湿，综合保温效果比较好，一般可提高温度 2～4℃。

⑤**保温被。**近年来研制的新型温室保温覆盖材料，由多层具有不同功能的材料缝制而成，具有寿命长、保温性好、防水、重量轻以及适合机械自动卷放等一系列优点，是传统草苫的替代产品，但由于其成本较高，目前推广较为缓慢。

21. 温室有哪些类型?

温室结构形式多样，类型繁多。

(1) 按能源分

按能源分，分为加温温室和日光温室。加温温室指用人工加温方法，保持一定的温度，又有地热能温室、工厂余热温室、人工能源加温温室等之分。温室内设有烟道、暖气片等加温设备，温度条件好，抵抗严寒能力强，但成本较高。主要用于冬季最低温度长时间在－20℃以下的地区。

日光温室完全靠自然光作为能源进行生产，或只在严寒季节进行临时性人工加温，生产成本比较低，适于冬季最低温度－10～－15℃以上或短时间－20℃左右的地区。日光温室有普通型日光温室和改良型日光温室两种类型。普通型日光温室前屋面采光角度比较小，增温、保温能力不及改良型日光温室，保温能力一般在 10℃左右，在冬季严寒地区，只能用于春秋生产。改良型日光温室，也称为冬暖型日光温室、节能型日光温室，其前屋面采光角度大，白天增温快，墙体厚，保温能力强，一般保温能力可达 15～20℃，在冬季最低温度－15℃以上或短时间－20℃左右的地区，可用于冬季生产。

(2) 按温室屋面的数量分

按温室屋面的数量，分为单栋温室和连栋温室。单栋温室按透明屋面的型式分为单屋面温室和双屋面温室。连栋温室有两个以上的屋面。

(3) 按屋面的形状分

分为拱圆形温室和斜面形温室。拱圆形又有圆面型、抛物面型、椭圆面型、圆-抛物面组合型。斜面形又有单斜面、二折式、三折式等。

常用的单栋单屋面温室，即冬暖式大棚，是采用圆-抛物线组合型屋面，其综合性能最好，应用也最多（图 11）。

(4) 按骨架的建筑材料分

分为竹木结构温室（图 10）、钢筋混凝土结构温室、钢架结构温室、铝合金结构温室等。

图 11　单栋单屋面日光温室（潍坊职业学院）

（5）按透明覆盖材料分

分为玻璃温室、塑料薄膜温室、硬质塑料板材温室等。

22. 建造日光温室怎样进行设计？

日光温室可以在冬季、早春进行果树生产，关键是通过科学的采光设计，尽可能争取太阳光多透入室内，满足果树光合作用和正常生长发育所需要的温度；同时要尽可能阻止热量流失，主要是在没有光源的夜间，能够保温，以维持生长发育必须的温度水平。所以日光温室的建造关键是搞好采光和保温，首先要搞好设计，主要进行采光和保温设计。设计包括以下内容：

（1）规格

单屋面温室顶高3.5米左右，内跨7～9米，内跨与顶高的比例在2.2～2.8∶1，长度50～80米。

（2）方位

单屋面温室应东西延伸，前屋面朝南。上午果树的光合作用强度较高，温室方位偏东5°～10°，可提早20～40分钟接受直射光，对果树的光合作用有利。但高纬度地区冬季早晨外界气温低，揭草苫较晚，一般采用正南方位。冬季及早春严寒、上午多雾地区，应按偏西5°的方位建造温室。不论偏东还是偏西方位，均不宜超过10°。

（3）前屋面角

单屋面温室的前屋面倾角可按公式$\alpha=\varphi-\delta$进行计算。公式中的“φ”为当地的地理纬度；“δ”为赤纬，是太阳直射点的纬度，随季节变化，与温室设计关系最密切的为冬至时的赤纬，$\delta=-23°27'$；“α”为前屋面的最大倾角。由于太阳入射角在0～

45°范围内，温室的透光量变化不大，为避免温室过高，使高度与跨度保持一合理的比例，实际的“α”值通常按“理论 α 值－40°～45°”公式来确定。半拱圆式日光温室，前屋面由若干个切线角组成，按 1 米 1 个切线角，则前底角（前屋面与地面夹角）50°～60°，1 米处 35°～40°，2 米处 25°～30°，3 米处 20°～25°，4 米以后 15°～20°，最上部 15°左右。

(4) 后屋面

后屋面的仰角和宽度对温室采光影响较大。后屋面不应太宽，否则春、秋季节太阳高度角增大时，室内遮荫面积过大，影响后排果树的生长发育和产量形成，过小则不利于保温，一般后屋面的投影长以 0.8～1.2 米为宜。后屋面的仰角应视温室使用季节而定，但至少应略大于当地冬至正午的太阳高度角，以保证冬季阳光能照满后墙，又增加室内的热量。

(5) 墙体

砖石墙应设计成“夹心墙”，内填充轻质保温材料。泥、土墙要设计成梯形墙，并且墙体厚度要适当大一些，增强保温性以及抗倒塌能力，一般要求不少于 1.2 米，冬季严寒地区以及多雨水地区的厚度应大于 1.5 米。

(6) 通风口

主要采用扒缝式、手拉式及电动式三种形式。手扒式需人在温室的后屋面进行开关操作。手拉式是用滑轮以及细绳等，在温室内直接操作。电动式是用电机代替人的手工操作。通风口的面积一般占前屋面表面积的 5%～10%。

(7) 前屋面覆盖

使用的薄膜主要是聚氯乙烯无滴膜和聚乙烯长寿无滴膜，前者宽幅多为3米和4米，后者为7～9米。外覆盖可因地制宜选用草苫、纸被、无纺布、保温被等。

23. 建造日光温室怎样进行施工?

施工建造日光温室施工步骤如下：

（1）整地

对温室建设用地进行平整，清除各种杂物。

（2）放线

按照设计把道路和每个温室的边界在地面上用白灰等画出。每一栋温室的前后都应预留出走道、取土和培土的地方。

（3）筑墙

泥、土墙施工要于当地主要雨季后施工，泥墙还应在上后坡前至少留有20天以上的风干时间，避免上后坡时压塌泥墙。土墙要夯实，最好用推土机压土成墙，用土以手握成团，落地松散为适宜。草泥墙要分层打墙，逐层风干，每次打墙高度不超过0.5米，用泥以脚踩不粘脚为宜。

砖石墙墙基要深，一般40厘米以上。两层墙间要有顶砖（即拉手砖），把两墙面连成一体。夹心层内的填充物要用质地疏松的珍珠岩、炉渣等，不要用泥土，避免吸水后体积膨大，鼓破墙体。墙体砌到要求的高度后，顶部用水泥板封盖住，并用水泥密封严实，防止进水。

（4）埋立柱

按平面设计图要求在埋立柱的地方挖坑埋柱。后排立柱挖坑深不少于50厘米，前、中排立柱挖坑深不少于40厘米。将坑底填入砖石，并夯实后放入立柱。后排立柱应向后倾斜5°～8°埋入土中，其它立柱垂直埋入土中。前排立柱埋好后，还应在每根立柱的前面斜埋一根顶柱，防止前柱受力后向前倾斜。东西方向各排立柱的地上高度要一致。

(5) 后屋面施工

简易后屋面可用质地较硬、径粗10厘米以上的槐木或专用钢筋水泥预制柱作横梁，长度要达后墙宽的一半。横梁的粗端架到后立柱上，并用粗铁丝固定牢固，下端在墙顶挖浅坑放入坑内。按要求调整好粗木的倾斜角后，拥土埋住。在横梁上东西向拉粗铁丝或专用钢丝，最上一道拉双股，其余拉单股，上、下铁丝间距10～20厘米。用紧丝器拉紧铁丝并将铁丝固定在横梁上，防止上下滑动，铁丝的两端固定到预埋的地锚上。铁丝上铺幅宽为后屋面宽2倍以上的新薄膜或无漏洞的旧膜，后屋面的上边余出50厘米以上宽的薄膜，下边薄膜要一直铺压到墙上。在薄膜上铺放绑好的秸秆捆，秸秆捆要排紧，上端排齐。最后，将上面余出的薄膜翻下，从上面盖住秸秆，并上泥土压住。

永久性温室的后屋面骨架多采取钢筋水泥预制柱以及水泥板结构形式。有立柱温室，通常先在后排立柱的顶端纵向固定一道钢筋水泥预制柱或大号槽钢作纵梁，然后将钢筋水泥预制板的上边固定到纵梁上，下边固定到后墙上。用灰沙封堵好接缝后，上铺保温材料，再用灰沙封盖严实。无立柱温室一般是用钢拱架的后斜面作支架，将钢筋水泥预制板直接铺到支架上，上铺保温材料并用灰沙封顶。

(6) 前屋面建屋架

前屋面施工包括建屋架和扣膜。

有立柱温室的前屋面施工时，将加工好的竹竿粗头朝上，依次固定到每列立柱顶端的“V”形槽内，并用粗铁丝绑牢固。用钢管作拱架时，应将钢管依次焊接到各立柱顶端的焊接点上。琴弦式结构屋架在固定好粗竹竿或钢管后，按25厘米左右间距在粗竹竿或钢管上东西向拉专用钢丝，钢丝的两端固定到温室外埋好的地锚上。钢丝与粗竹竿或钢管交接处用粗铁丝固定紧，避免钢丝上下滑动。最后，在铁丝上按60厘米间距固定加工好的细竹竿。

无立柱温室的拱架为钢梁或工厂生产的成型屋架，施工比较简单。安装时，需要用支架临时固定住拱架，待焊牢连接点或上螺丝固定住连接点后，再撤掉支架。拱架间用纵向拉杆连成一体。

(7) 前屋面扣膜

扣膜选无风或微风天进行。扒缝式通风口类温室，主要有二膜法和三膜法两种扣膜方法。二膜法扣膜后只留有上部通风口，下部通风口一般采取揭膜法代替。三膜法扣膜后，留有上、下两个通风口，下部通风口的位置比较高，可避免“扫地风”的危害。扣膜时，上幅膜的下边压住下幅膜的上边，压幅宽不少于20厘米。

不管采取何种扣膜法，叠压处上、下两幅薄膜的膜边均应粘成裙筒。下幅膜的裙筒内穿粗铁丝或钢丝，并用细铁丝固定到前屋面的拱架或钢丝上，防止膜边下滑。上幅膜的裙筒内要穿钢丝，利用钢丝的弹性，拉直膜边，使通风口关闭时合盖严实。窗式通风口类温室，一般将几幅窄膜粘接成一幅宽膜后扣膜。通风窗处的薄膜单独扣盖。扣膜后，随即上压膜线或竹竿压住薄膜。

(8) 上草苫

草苫在后屋面上摆放有“品”字形、斜“川”字形和混合形三种方法。

“品”字形的草苫易于卷放，操作灵活，但防风能力较差，草苫间叠压不严实，保温效果也一般，适用于风害较轻、冬季不甚严寒的地区。

斜“川”字形是顺着风向叠放草苫，防风效果好，草苫间叠压严实，保温效果也比较好，适用于多风地区以及冬季比较寒冷的地区。另外，该法上的草苫排列整齐，也比较适合机械卷放草苫。斜“川”字形的主要缺点是草苫卷放不方便，只能从一边开始卷放，人工操作时，需要时间较长，也容易造成温室内局部间的环境差异过大。

混合形是将草苫分成若干组，一般每10个左右草苫为一组，组内采取斜压法，组间草苫采取平压法。该法较好地综合了“品”字形和斜“川”字形的优点，在冬季多风地区应用比较广泛。

三、保护地环境条件

24. 小拱棚的温度条件如何?

环境是指果树生存地点周围空间一切因素的总和。包括气候条件，如温度、光照、水分、雷电、空气、风、雨、霜、雪等；土壤条件；地形条件，如地形类型、坡度、坡向、海拔高度等；生物条件，包括动物、植物、微生物及人为因素等。保护地中主要环境条件有温度、光照、水分、土壤、空气。

小拱棚空间较小，蓄热、保温能力差。气温增加速度较快，增温能力可达 15～22℃，晴天比阴天增温快，高温季节容易造成高温危害；降温速度也快，在夜间不覆盖草苫、阴天或低温时，棚内外温差仅为 1～3℃，遇寒流易发生冻害，加盖草帘保温能力可提高到 6～12℃。

从季节变化看，冬季是小拱棚温度最低的时间，春季逐渐升高。小拱棚温度的日变化与外界基本相同，一天中，棚内最高温度一般出现在 13 时左右，日出前最低。由于棚体较小，棚温的日变化幅度比较大。夜间不盖草苫保温时，晴天昼夜温差一般为 20℃左右，最大可达 25℃左右；阴天时昼夜温差比较小，一般为 6℃左右，连阴天差别更小。

小拱棚内气温分布很不均匀，在密闭情况下，中心部位地表附近温度最高，两侧温度较低，水平温差可达 7～8℃；而从棚的顶部放风后，棚内各部位的温差逐渐减小。

小拱棚内地温变化规律与气温相似，但不如气温剧烈。从日变化看，白天土壤吸热增温，夜间放热降温。晴天日变化大于阴雨天，土壤表层大于深层。一般棚内地温比露地高5～6℃。从季节变化看，北京地区1～2月份10厘米平均地温为4～5℃；3月份为10～11℃；3月下旬达14～18℃；秋季地温有时高于气温。

25. 小拱棚的光照条件如何?

小拱棚透光性能较好，春季棚内的透光最低，在50%以上，光照强度达5万勒克斯以上，但光照强度低于露地。盖膜初期无水滴和无污染时，透光率达70%以上，以后透光率会逐渐降低。光照强度的日变化明显，晴天日变化较大，阴天较小。小拱棚较低而窄，光照分布比较均匀，东西向的小拱棚内，南北侧地面光照量的差异一般只有7%左右。不盖草苫时，光照时间与露地相同，盖时受揭盖草苫时间的影响，盖草苫后光照迅速减弱。光谱成分取决于塑料薄膜的性质、天气状况及太阳高度角的变化。所谓光谱成分，是指可见光由7种颜色不一的光组成，即红、橙、黄、绿、蓝、靛、紫。颜色不同，波长也不同：波长最长的是红色光，接下来是橙、黄、绿、蓝、靛、紫，也就是说紫色光波长最短。颜色不同，其能量和对果树的作用不一样。

26. 小拱棚的湿度条件如何?

在密闭情况下，小拱棚内空气相对湿度高于露地，一般为70%～100%。相对湿度是指在一定温度下，空气中所含水汽量与该气温下饱和水汽量的百分比。相对湿度100%说明空气中水蒸气已经饱和。

湿度日变化规律与气温日变化相反，白天气温升高，湿度下降；夜间气温下降，湿度上升。日变化幅度比较大，一般白天的相对湿度为40%～60%，平均比外界高20%左右，夜间90%以上，凌晨95%以上。晴天湿度低，阴天湿度高。

小拱棚中部的湿度比两侧高，地面水分蒸发快，容易干旱，而蒸发的水蒸汽在棚膜上聚集后沿着棚膜流向两侧，常造成两侧地面湿度过高，导致地面湿度分布不均匀。通风降低湿度，浇水提高相对湿度。

27. 塑料中棚的环境条件如何?

塑料中棚的大小介于小拱棚与塑料大棚之间，其环境条件也基本上介于小拱棚与塑料大棚之间。需要指出的是，中棚空间比大棚小，升温快，热容量少，提前延后生产效果，不如大棚，但与小拱棚一样，便于覆盖保温，如果夜间覆盖草苫等，保温效果优于大棚。当然，如果大棚也盖覆盖物，保温效果更好。热容量是指单位质量的某种物质温度升高1℃所吸收的热量或降低1℃所释放的热量。

28. 塑料大棚的光照条件如何?

塑料薄膜大棚主要用于保温保湿，热量来源为光照。光照既影响果树光合作用，又影响增温效果。光照条件从以下几个方面分析。

(1) 光照强度

光照强度指光照的强弱，以单位面积上所接受可见光的能量来量度。塑料薄膜大棚内的光照强度低于自然界的光照强度。如果用料粗大，遮光多，其采光能力就不如中、小棚强。白天阳光照射到棚面时，除了被棚面吸收和反射掉的一部分外，70%以上进入棚内。进入大棚内的光量多少，与膜的性质和质量有关。无滴膜优于普通膜，新膜优于老化膜，厚薄均匀一致的膜优于厚度不匀的膜。进入棚内的阳光大部分被果树、地面、建材吸收和反射，光照强度与棚架类型有关，单栋钢架结构相对光照强度为72%，单栋竹木结构为62.5%，连栋钢筋混凝土为56.5%。塑料大棚没有外保温设备，不论直射光、散射光，各部位都能透过，接受太阳光条件优于日光温室。

大棚内的光照强度随季节和天气的变化而变化，外界光照强，棚内的光照也相对增强，自冬至夏，随着太阳高度角的增大而增强。晴天棚内的光照明显强于阴天和多云天气。

大棚内垂直方向上光照强度是由上向下逐渐减弱，棚架越高，上下差别越大，近地面的光照也越弱。棚内光照强度的垂直分布还受湿度、果树等影响。

大棚内水平方向上光照强度，一般南部大于北部，四周高于中央，东西两侧差别较小。南北延长的大棚内上午东侧光照强度大，西侧小，下午相反，全天两侧相差不大，但东西两侧各与中间夹有一弱光带。南北方向延长的大棚背光面较小，光照分布比较均匀，东西之间的透光率差2%，而且便于通风。东西方向延长的塑料大棚内平均光照强度高于南北延长的塑料大棚，透光率高2%～8%，背光面相对较大，水平分布明显不均，棚内南北部位透光率差别大，可达20%～23%。

(2) 光照时间

由于塑料大棚比较高大，薄膜之上一般不能加覆盖物，其光照时间的长短及其季节性变化与露地相同。如果加覆盖物，则受覆盖时间的影响。

(3) 光谱成分

大棚内的光谱成分，取决于太阳高度角、塑料薄膜的性质和天空状况。

29. 塑料大棚的温度条件如何?

塑料大棚的空间较大，蓄热能力强。晴天时，白天棚内温度迅速上升，晚间也有一定的保温能力。这里主要说的是在不加覆盖物的情况下，在加覆盖物的情况下的温度条件可参照日光温室。

(1) 空气温度

大棚温度的变化规律是，外温越高棚温越高，外温越低棚温也越低，季节温差明显，昼夜温差大，晴天温差大，阴天温度平缓。

大棚内温度的日变化趋势与露地基本相同，但白天气温高，夜间低，昼夜温差大于露地。大棚的贯流放热规律与日光温室基本一致，但没有日光温室的保温条件。日光温室的贯流放热是指，进入日光温室的太阳辐射能转化为热能以后，以辐射、对流方式，把热量传导到温室与外界接触的各个结构的表面，包括山墙、后墙、后屋面和前屋面薄膜等，从内表面传导到外表面，再以辐射和对流的方式散发到大气中去，透过覆盖物和结构的放热过程，贯流放热也叫透射放热或表面放热。

白天太阳升起后，棚内的气温迅速升高，中午可超过 40℃，午后光照减弱，散失的热量超过所得的热量，棚内气温随之下降。夜间热量由地面向棚内空中辐射，一部分长波辐射向外界散热，另一部分返回棚内。棚面水滴形成，则放出潜热。由于没有太阳辐射，只有土壤中热量的横向传达和地下传导，而外温又低，热传导加快，虽然薄膜的传导率较小，但因太薄，传导散热量大，温度下降快，因此昼夜温差大，白天易受高温危害，夜间容易发生霜冻。

大棚内最低气温一般出现在凌晨日出前 1～2 小时，比外界稍迟或同时出现，持续时间也短，棚内气温回升快。日出后棚内温度上升，1～2 小时内气温迅速升高，8～10 时上升最快，晴天密封状态下，每小时平均上升 5～8℃，有时高达 10℃以上。棚内最高温度出现在 12～13 时，比外界稍早或同时出现。14 时以后气温下降，平均每小时下降 2～5℃，日落前下降最快。夜间气温持续下降。

大棚内温度的日变化与季节、大气和棚体大小有密切关系。春季一般棚温可达 15～36℃，最高可达 40℃以上，夜间通常比露地温度高 3～6℃。棚内昼夜温差幅度，12 月下旬至 2 月中旬在 10～15℃之间，因为外界温度低，日照时数少。3～9 月昼夜温差可达 20～30℃，这时容易造成高温危害。晴天升温显著，降温也快，昼夜温差大，阴天上午气温上升慢，下午降温也慢，日变化比较平稳。大棚内存在“温度逆转”现象，即棚内最低气温低于棚外的温度的现象。此现象各季都可能发生，但以春季明显，危害最大。当有冷空气南下入侵，在偏北大风后第一个晴朗微风的夜间，棚内最低气温可比棚外低 1～2℃。温度逆转始于夜间 10 时至日出后棚内气温回升为止。在白天是阴天偏北大风，夜间是云消风停的天气条件下，温度逆转现象最明显，棚内气温最低。

大棚内气温存在明显的四季变化，但四季通常都高于露地，大棚内冬季天数比露地缩短 30～40 天，春、秋季天数比露地分别增长 15～20 天。在我国北方，12 月下旬至 1 月下旬，棚内气温最低，多数地区旬平均气温在 0℃以下，严寒冬季大棚密闭，土地封冻，但冻层比露地减少 50%以上，春季提早化冻。2 月上旬至 3 月中旬棚温回升，旬平均气温可达 10℃以上，3 月中下旬外温尚低时，棚内温度可达 15～35℃，比露地高 2.5～1.5℃，最低为 0～3℃，比露地高 2～3℃。随着外界温度的升高，棚内温差逐渐加大。3 月中旬至 4 月，最高气温达 40～50℃，容易出现高温危害，棚内外温差可达 6～20℃。5 月份不放风会发生高温危害。7～8 月份高温高湿季节，如果加大放风，棚内温度可比外界低 2～4℃，如密闭可比露地高 15～20℃。8～9 月份温差不明显，9 月上旬以后露地最高气温低于 30℃，最低气温 15℃以下。10 月中旬棚内最高气温 30℃左右，最低 15～16℃，而且逐渐下降。10 月下旬至 11 月上旬，最高气温 20℃左右，夜温 6～3℃，相继降至 0℃左右，如遇西北风常随寒流降温和发生霜冻。

塑料大棚内气温水平分布不均匀，南北延长的大棚内，午前东部高于西部，午后西部高于东部，温差为 1～3℃。无论白天还是夜间，棚中部、中南部温度最高，白天中北部温度最低，夜间则西北、东南角较低。日平均气温趋势与白天基本一致，中部、东南部温度高，边缘，尤其是北部温度最低。在靠近棚膜的边缘 1～2 米处，出现一个低温带，这便是所谓的“边际效应”，该带内气温一般比棚中央低 2～3℃。放风时，放风口附近温度较低，中部较高；种植作物时，上层温度较高，地面附近温度较低。

(2) 土壤温度

塑料大棚覆盖面积大，棚内空间大，地温上升以后比较稳定，并且变化滞后于气温，保温效果优于中、小棚。

从日变化看，晴天日出后，地温迅速升高，15 时左右达到最高值，以后开始下降。随着土层加深，最高地温出现的时间依次延后。阴天时棚内温度变化较小。

从季节变化看，大棚在 4 月中下旬的增温效果最大，夏季因作物遮光，棚内外地温基本相同。秋冬季节棚内地温略高于露地。10 月份以后增温效果减少，土温逐渐下降。从地温的分布看，大棚周边地温低于中部。

塑料大棚浅层地温的日变化与气温变化基本一致，地面温度的日较差可达 30℃以上，5～20 厘米地温的日较差小于气温日较差。晴天时日较差变化大，阴天时变化小。在土壤温度较低时，地面温度的日较差可大于气温的日较差，最高、最低气温出现的时间偏晚 2 小时左右。早春，午前 5～10 厘米处的地温往往低于气温，但傍晚则高于气温。浅层地温高于气温的情况能维持到次日日出之后。最低气温一般出现在凌晨，但这时地温高于气温。棚内浅层地温的水平分布也不均匀，中央部位的地温比周边部位的高。

塑料大棚内地温也随季节变化而变化。棚内外浅层土壤温度的季节变化趋势是一致的。从10月到翌年5月棚内浅层土温比棚外高5℃左右。10月至11月上中旬，棚内地温仍可维持在10～20℃。11月中旬以后，棚内温度下降，土壤逐渐冻结。至3月份土壤温度回升至10～20℃。4月至6月，随外界温度的升高和作物旺盛生长，地温缓慢回升，一般维持在20～24℃，棚内温差越来越小。6月棚内地温可达30℃，但比棚外裸地低。一般秋季早晨5厘米地温低于10～15厘米地温，但中午和傍晚5厘米地温则又高于10～15厘米地温。春季5厘米地温比10厘米地温回升快，我国北方地区一般5厘米处的地温稳定在12℃以上时间比10厘米地温提到6天。

30. 塑料大棚的湿度条件如何?

塑料大棚的湿度包括空气湿度和土壤湿度。

(1) 空气湿度

塑料大棚内空气中的水分来自土壤水分的蒸发和果树的蒸腾。塑料薄膜的密封性好，水分不易外散；为了保温，一般通风量很小，水蒸气在棚内积累，形成了一种比较稳定的高湿环境。一般大棚内空气的绝对湿度和相对湿度均显著高于露地。通常绝对湿度是随着棚内温度的升高而增加，随着温度的降低而减小；而相对湿度是随着棚内温度的降低而升高，随着温度的升高而降低。棚温为5℃时，每提高1℃，相对湿度下降5%；棚温5～10℃，每提高1℃，相对湿度下降3%～4%。棚温20℃时，相对湿度为70%；棚温升到30℃，相对湿度可降至40%。晴天、有风天相对湿度降低，夜间、阴雨天棚温降低，空气相对湿度升高。浇水以后，湿度增大；放风以后，湿度下降。

白天空气相对湿度多在60%～80%，夜间一般达90%以上。早晨日出前大棚内的相对湿度往往高达100%，随着日出后棚内温度的升高，空气相对湿度逐渐下降，最低值出现在13～14时，在密封情况下达70%～80%，在通风条件下，可降到50%～60%。午后随着气温逐渐降低，空气相对湿度又逐渐增加。白天湿度变化比较剧烈，夜间变化比较平稳。绝对湿度是随着午前温度的逐渐升高，棚内蒸发和作物蒸腾的增大而逐渐增加，在密闭条件下，中午达到最大值，而后逐渐降低，早晨降至最低。

棚内相对湿度的水平分布特点是，周边部位比中央部位高约10%，这与气温分布正好相反，与不同部位气流流速有关。

一年中大棚内空气湿度以早春和晚秋最高，夏季由于温度高和通风换气，空气相对湿度较低。阴、雨天棚内的相对湿度大于晴天。

（2）土壤湿度

塑料大棚内的土壤水分来自人工灌溉，土壤湿度取决于灌水量、灌水次数以及果树的耗水量。由于棚内灌水较多，薄膜封闭后空气湿度大，土壤蒸发量小，大棚内土壤湿度高于露地。大棚塑料薄膜内面凝结的水滴不断向地面滴落，而且由于滴水位置固定，造成在局部地区特别潮湿，甚至泥泞，浅层土壤湿度偏高，会出现深层水分不足，而地表潮湿的假象。

31. 塑料大棚的气体条件如何？

大棚是半封闭系统，棚内气流的运动和空气组成与外界有许多不同。

(1) 气流运动

塑料大棚内的气流运动有两种形式，一种是基本气流，由地面升起，汇集到棚顶；另一种是回流气流，当基本气流沿着棚顶形成与棚顶平行的气流，不断向最高处流动，最后折向下方流动，补充了基本气流上升后形成的空隙。

基本气流运动的方向，容易受外界风向的影响，其方向与风向相反，风力越大，影响越大。密闭时基本气流的速度低，平均值为 0.28～0.78 米/秒，最低小于 0.01 米/秒。大棚放风后，基本气流受外界风速影响，流速很快提高，流经果树叶层的新鲜空气也增多。大棚内不同部位，基本气流的流速也不同，大棚中心部位及两端的流速都低。因此这些部位地面蒸发和作物蒸腾水分不易散失，相对湿度较高，叶片结露时间长，往往成为病害发源地。大棚两侧扒缝放风，气流速度较快，病害就轻。春天外界温度较低时，棚内外温差大，不宜开门通风，也不宜放底脚风，因为基本气流的上升运动，地表空气形成负压，吸引底脚风进入贴地表运动，风速风量大、温度低而伤害作物。

(2) 二氧化碳（CO_2）

据测定，大棚内二氧化碳的浓度，在下午 6 时闭棚后逐渐增加，至日出升到最高峰。日出后尚未通风，由于植物的光合作用，二氧化碳浓度急剧下降，通风前达到最低值。通风后浓度回升，但仍比室外大气中的浓度低。所以大棚内二氧化碳含量在白天是亏缺的。日落后，二氧化碳的浓度又逐渐提高，至翌日早晨又达最高值。大棚内二氧化碳浓度日变化较大，露地则无此变化。

大棚内二氧化碳浓度的水平分布也是不均匀的，中部高，边缘低。白天气体交换率低且光照强的部位，二氧化碳浓度低，作物群体内比上层低；但夜间或光照很弱的时刻，由于作物和土壤呼吸作用放出二氧化碳，因此作物群体内部气体交换强的区域二氧化碳浓度高。

(3) 有毒气体

大棚中常见的有毒气体主要有氨（NH_3）、二氧化氮（NO_2）、乙烯（C_2H_4）、氯气（Cl_2）等，其中氨（NH_3）、二氧化氮（NO_2）气体主要是一次性施用大量有机肥、铵态氮或尿素产生的，尤其是土壤表面施用大量的未腐熟有机肥或尿素。乙烯（C_2H_4）、氯气（Cl_2）主要是不合格的农用塑料制品中挥发出来的。大棚是半封闭系统，上述有毒气体容易积累，以至达到危害作物的程度。

32. 日光温室的光照条件如何?

日光温室的热能来源靠太阳辐射，太阳光线不但提高室内温度，还是果树进行光合作用制造养分和生命活动的能源。果树进行保护地栽培的冬季、早春正是北半球日照时间短、光照弱的时期。所以，建造日光温室必须采光设计科学，保温措施有力。下面以单屋面单栋塑料薄膜温室为主，说明温室的环境条件特点。

(1) 光照强度

日光温室内的光照强度，取决于室外自然光照的强弱和温室的透光能力。自然光照强度随季节、地理纬度和天气条件而变化。室内光照强度与自然光照强度的变化具有同步性，但因影响因素较多，两者的变化不成比例。由于温室有很多不透风的部分遮光，塑料薄膜的吸收和反射作用、内面的凝结水滴、尘埃的污染、老化等影响，温室内的光照强度明显小于室外。室内1米以上高度的光照强度为室外自然光照强度的60%～

80%。不透明部分如后墙、后屋面、东西侧墙、立柱、横梁、拱架等，都影响光线的射入。阳光投射到不透明的物体上，会在相反方向上形成阴影，阴影又随太阳高度变化和位置的移动而变化。东西侧墙的阴影主要在早、晚，早晨在东北角形成弱光区，随太阳升起弱光区面积逐渐缩小，到中午前后完全消失；午后在西北角形成弱光区，随着太阳的西沉，弱光区面积逐渐加大。立柱、横梁、拱架的遮光会形成在地面不停移动的阴影。阳光照射到前屋面塑料薄膜上，一部分被薄膜吸收，一部分被反射掉，剩余的光线进入温室。保护地内的太阳辐射能或光照强度与外部太阳辐射能或光照强度的比值叫透光率。透光率与薄膜的种类、光线入射角有关。薄膜内外的水滴、灰尘会大大降低透光率。聚氯乙烯比聚乙烯易老化。聚氯乙烯薄膜使用2个月后其透光率可由90%降到55%，防尘农膜比一般膜透光率高30%以上。

日光温室的光照强度分布与室外光照强度分布有明显的差异。温室内东西方向上，由于侧墙的遮阴作用，午前西部光照强，东部低于西部；午后西部低于东部，午前和午后分别在东西两端形成两个三角形弱光区，它们随太阳在空中位置的变化而收缩和扩大，中午消失。温室中部是全天光照最好的区域，所以应尽量增加温室的长度。温室中部光照强度的垂直分布是从上到下递减，在塑料屋面附近，相对光照强度为80%，距地面0.5～1.0米处为60%，距地面0.2米处为55%。以中部为界，温室内南部或前部为强光区，北部或后部为弱光区。在强光区内，南北水平方向上光照强度差别不大，尤其在中柱前1米至温室前沿，是光照条件的最佳区域，其中1米高度以下，光照强度的水平差异极小，0.5米以下相对光照强度大多在60%左右，上部光照强度在同一高度上自南向北稍有减弱。在弱光区水平方向与垂直方向上的光照强度差别却很明显。水平方向上主要表现为自南向北明显差异，在垂直方向上表现为上下弱而中间强。

(2) 光谱成分

光谱成分是指太阳光线的组成。进入温室的光谱成分随太阳高度角和薄膜的性质而变化。聚乙烯无色透明膜比玻璃透过的紫外线多，这是塑料薄膜日光温室内光谱成分较玻璃温室的优越之处。但塑料薄膜对红外线通过能力高于玻璃，所以塑料薄膜温室保温性能不如玻璃温室好（表 9）。灰尘和玻璃主要削弱红光和红外光的射入，塑料薄膜老化主要是减少紫外光的射入。

表 9　聚乙烯膜与玻璃透光率（%）的比较

光波长（微米）		0.1 毫米聚乙烯膜	3.0 毫米玻璃
紫外线	0.28	55	0
	0.31	60	0
	0.32	63	46
	0.35	66	80
	0.47	71	84
可见光	0.55	77	88
	0.65	80	91
红外光	1.00	88	91
	1.50	91	90
	2.00	90	90
	5.00	85	20
	9.00	84	0

(3) 光照时间

日光温室内的光照时间，除受自然光照时间的制约外，在很大程度上受人工措施的影响。冬季自然光照时间短，温室环境的主要矛盾是温度。为了保温，温室前屋面进行覆盖，草苫和纸被等覆盖物早盖晚揭，人为的延长黑夜，缩短了见光时间。遇到降雪天气，揭草帘时间更晚，见光时间更短。所以，温室冬季日照时间比室外短。12月至翌年1月，室内光照时间一般为6～8小时。进入3月，室外气温已高，应把主要矛盾转到光照上，尽量加长光照时间，在管理上改为适时早揭晚盖，室内光照时间可达8～10小时。

33. 日光温室的温度条件如何?

日光温室是透明的半封闭空间，其内部的温度条件主要决定于热量收支状况。

(1) 热量平衡

保护地内的热量收入有两个途径，一是太阳辐射能，二是人工辅助加温。不加温温室太阳辐射是唯一热源。白天太阳光进入温室，照射在地面、墙壁、骨架、果树上，少部分反射掉，大部分被吸收，又以长波辐射，即热的形式被释放和传导。温室得到的热量与支出的热量是相等的，这种关系叫日光温室的热量平衡。热量平衡的规律白天和黑夜不同，白天进入温室的热量，大部分被地面及其他物体吸收，其中一部分向地下传导，使地温升高，并把热量贮藏在土壤中，同时在土壤中进行传导，这种现象叫土壤传导，土壤传导在上下层垂直方向上热传递量很小，但在水平方向上由于室内外土壤温差较大，把部分热量传递到室外土壤中，称为土壤传导失热。据报道，土壤水平失热占失热的5%～10%。地面得到的热量，有一部分向室内反射辐射，使空气温度升高。室内热量还以辐射、传导、对流的方式透过保护设施表面向室外释放，这个过程叫贯流放热或透射放热、表面放热。表面放热的大小除与覆盖物和围护结构所用材料的特性有关外，受外界的风速、内外温差的影响较大，一般风速越大放热越快，内外温差越大，损失热量也就越多。还有一部分热量在通风换气过程中，以对流形式向室外传出，这种现象叫缝隙放热，包括人为放风和缝隙的空气流动。缝隙放热与放风次数、缝隙大小和风速有关。热量的支出主要有以上几个方面。温室内还存在着由于土壤水分蒸发、作物叶片的蒸腾、水分凝结造成的热交换现象。

(2) 空气温度

日光温室内外气温有明显地季节变化和日变化。室内温度始终明显高于室外温度，采光越科学，保温越有力，外界温度越低，室内外温差越大。室内外温差最大值出现在寒冷的1月，以后随外界气温的升高，通风量加大，室内外温差逐渐缩小。各地观测的资料表明，在北方温室内1月的平均气温与室外1月份的平均气温接近。12月至翌年4月份的月平均气温与广州、南宁等地的露地气温接近，相当于创造了亚热带地区的温度环境（表10）。

表10　温室内外及不同地区月平均温度（℃）比较

月份（1994年）		12	1	2	3	4	平均
露地	南宁	14.7	12.8	14.1	17.6	22.0	16.5
	广州	15.2	13.3	14.4	17.9	21.9	16.5
	熊岳	−5.0	−7.1	−4.3	0.9	13.9	−0.3
温室内	熊岳	16.1	14.2	16.5	17.8	21.5	17.2
温室内外温差	熊岳	21.1	21.3	20.8	16.8	7.6	17.5

温室内日平均气温受天气影响很大，晴天平均气温增加较多，阴天，特别是连阴天增加较少。

温室内气温日变化显著。白天接受大量太阳辐射能，热量支出较少，则温度上升较快且数值较高；夜间只有热量的散失没有收入，温度不断下降，温度低。温室在晴天的上午升温快，午后降温也快，夜间降温慢。最低温度一般出现在刚揭草帘之后，大约在8时30分左右，寒冷季节揭开草帘后气温略有下降，但很快回升，9～11时上升速度最快。在不放风的情况下，上午每小时上升5～8℃，12时之后，气温仍在上升，但变的缓慢起来，13时达最高值。以后逐渐下降，15时后下降速度最快。覆盖后，室内短时间内气温会回升1～2℃，而后非常缓慢下降，一夜间下降4～7℃。下降数值不仅取决于天气条件，还取决于管理技术措施和地温状况，保温效果好的温室下降幅度小，多云、阴天时下降1～3℃，晴天下降较多，遇到寒潮下降较多。

温室内各部位气温有差异，垂直分布和水平分布都不均匀。在密封情况下，温室内气温在一定高度范围内随高度的增加而上升，栽培畦上方上下温差可达5℃。0.5米以下的气温较低，层间分布十分复杂。白天通常从地面向上气温剧烈下降，20厘米处达到最低值。该层内气温垂直梯度较大，而且以14时差距最大。20厘米以上，气温随高度增加而缓慢上升。温室中部向前1米处，在垂直方向上实际存在一个低温层。1月份低温层在1米高处，2月份在2米高处。低温层气温比其他部位低0.5℃。低温层以上为高温区，一般比后部高5～6℃。从水平分布看，距北墙3～4米处温度最高，由此向北向南呈递减状态。在高温区附近气温在南北方向上差异不大。在前沿附近和后坡之下，气温梯度较大，可达1.6℃。白天南高北低，夜间则北高南低。在东西方向上，近门端气温低于无门的一端。晴天最高气温出现在13时左右，比室外稍有提前。阴天时最高气温通常出现在云层薄而散射光较强的时刻。前坡下最高气温比后坡下明显偏高。最高气温温室上部比下部高5℃以上。温室最低气温从南向北递减，后坡下的最低气温比距前沿1米处的最低气温高1℃。温室的气温日较差明显高于室外，12月至翌年4月平均比室外高3～4℃。气温日较差晴天大，阴天小。温室内，从中部向南日较差逐渐增大。形成温室前后日较差不同的原因是前部最高气温高于后部，但最低气温却低于后部。

(3) 土壤温度

温室内的地温显著高于室外。由于采取有利的保温措施，室内外温差在室外温度最低时达25℃以上，室内地温可保持在12℃以上，这种现象称为热岛效应。地温的水平分布，5厘米深处地温以中部最高，向南向北递减，前沿底部最低，后坡下地温低于中部，比前沿高。据测定，1月份中部地温比南北两端0.5米处分别高7℃和5℃左右。东西方向上地温差异较小，靠侧墙和靠门处低。近门附近，地温差异较大，局部可达1～3℃。地温垂直分布，阴天深层高于浅层，浅层靠深层地温向上传导；晴天白天随着气温升高，阳光照射地面，使地表温度升高，随深度增加温度递减。黑夜和阴天以10厘米深地温最高，向上、向下递减。在一天中，地温最高值和最低值出现时间随深度而不同。地表最高温度出现在13时，5厘米最高温度出现在14时，10厘米出现在15时左右。最低值通常出现在刚揭草苫和纸被之后。8时至14时为室内地温上升时段，14时至次日8时为下降时段。14时地温与8时地温的差可以表示地温的增高特性。地温的日较差以地表最大，随深度的增加而减小，20厘米深处温度变化很小。白天地温以地表最高，黑夜以10厘米深处最高。

34. 日光温室的湿度条件如何?

日光温室的湿度条件包括土壤水分和空气湿度。

(1) 土壤水分

温室内土壤水分的来源，为建棚前或夏季露天期的自然降水和灌水在土壤中的贮存、覆膜封闭期间的灌水。土壤中水分的消耗，有作物的蒸腾和地面的蒸发两条途径。由于封闭作用，温室内土壤水分消耗少。由于白天温度高，空气相对湿度小，使土壤中的水分蒸发到空气中，下层水分经毛细管作用向表层输送；夜间温度低，空气相对湿度大，使土壤表层经常呈湿润状态，表现不缺水的假象，在水分管理上容易造成错觉。同时一部分蒸发的水分在薄膜表面凝结，凝结的水滴顺膜表面流向温室的前缘，造成后部干燥。

(2) 空气湿度

日光温室内空气的绝对湿度和相对湿度一般均大于露地。空气湿度大，会减少作物蒸腾量，作物不易缺水。由于温室空间较小且密闭，不容易与外界环境对流，室内空气中水分由土壤蒸发和作物蒸腾而产生，空气中相对湿度变化主要由温度、土壤湿度决定。空气相对湿度夜间大于白天，低温季节大于高温季节，阴天大于晴天，浇水后最大，浇水前最小，放风前大，放风后下降。一般晴天白天空气湿度为50%～60%，夜间达90%以上，接近饱和。阴天白天可达70%～80%，夜间达到饱和状态。在一天中，空气相对湿度在揭苫后10多分钟内最高，以后随着温度的升高逐渐下降，13～14时降到最低值，以后逐渐上升，盖苫后很快升高，夜间高且变化小，有时在冷界面和植株叶面凝结成水滴。

35. 日光温室的气体条件如何?

日光温室常呈封闭状态，其空气组成与室外大气不同，主要表现在两个方面。一是二氧化碳（CO_2），因为它是果树光合作用的原料，其浓度的高低影响光合效率；二是有害气体，由于加温和施肥方法不当，以及覆盖有毒材料等而可能产生，对果树造成危害。

(1) 二氧化碳(CO_2)的浓度

植物吸收二氧化碳(CO_2)进行光合作用，而呼吸作用排出二氧化碳(CO_2)。当植株周围空气中二氧化碳(CO_2)的浓度降到一定值时，叶片表现为既不排出也不吸收二氧化碳(CO_2)，此时环境中二氧化碳(CO_2)的浓度称为二氧化碳(CO_2)的补偿点。当空气中二氧化碳(CO_2)的浓度升到一定值时，叶片吸收二氧化碳(CO_2)的能力不再增加，此时二氧化碳(CO_2)的浓度称为二氧化碳(CO_2)的饱和点。在自然条件下，大气中二氧化碳(CO_2)的含量为0.03%，温室栽培主要在低温季节，一般与外界空气交换较少，其内部二氧化碳(CO_2)条件与外界有较大差异。温室中的二氧化碳(CO_2)，除空气中固有的外，还有果树呼吸作用、土壤微生物活动以及有机物分解等放出的二氧化碳(CO_2)。

白天，随着光合作用的进行，二氧化碳(CO_2)浓度逐渐下降，下降速度随着光照条件和果树生长发育状况而变化，阳光充足，作物健壮，光合作用旺盛，二氧化碳(CO_2)浓度迅速下降，有时在见光后，1～2小时就能下降到二氧化碳(CO_2)补偿点以下。放风之前出现最低值。通风之后，外界空气进入室内，消耗的二氧化碳(CO_2)得到补充，达到内外基本平衡状态。到了中午，浓度又会下降，低于大气中二氧化碳(CO_2)的浓度，即使放风也是这样。夜间，光合作用停止，由于植物的呼吸作用和土壤中有机物的分解，使室内二氧化碳(CO_2)浓度增高，日出前二氧化碳(CO_2)浓度明显高于室外，夜间可达0.1%。

(2) 有害气体及其危害

保护地内可能产生的有害气体有氨(NH_3)、二氧化氮(NO_2)、二氧化硫(SO_2)、一氧化碳(CO)、乙烯和氯气(Cl_2)等。

室内氨气（NH_3）主要来源于未经腐熟的鸡禽粪、猪粪、马粪、饼肥等，这些肥料发酵过程中，产生大量的氨气（NH_3），如不及时排除，则在室内积累。此外，施用碳酸氢铵（NH_4HCO_3）或撒施尿素，都容易引起氨（NH_3）中毒。二氧化氮（NO_2）来自不合理施肥，硝态氮（NO_4-N）通过亚硝酸细菌和硝酸细菌的作用变为氨态氮（NO_3-N），才能被果树吸收利用。如果连续施用大量氮素化肥，土壤中亚硝酸向硝酸的转化过程便会受阻，但铵向亚硝酸的转化却正常进行，此时土壤中便会有大量的亚硝酸积累，土壤呈强酸性，亚硝酸不稳定有可能挥发出来。室内加温用燃料燃烧不完全或者燃料质量不好时，常发生一氧化碳（CO）和二氧化硫（SO_2）气体。塑料制品产生的有毒气体，主要来自其中的一些添加剂，其中毒性最大的是磷酸二甲酸二异丁酯（简称 DINP），乙烯和氯源亦源于有毒的塑料和塑料管。煤燃烧不彻底时也能产生乙烯气体。

氨气（NH_3）中毒最先发生在生命力旺盛的叶缘，氨气从气孔、水孔侵入。受害叶片呈水浸状，色变淡，逐渐变白或淡褐色，叶缘呈灼烧状，严重时呈绿白色而全株枯死。二氧化氮（NO_2）气体从气孔侵入叶肉组织，初使气孔附近细胞受害，进而向海绵组织、栅栏组织扩展，使叶绿素腿色，出现白斑，浓度过高时，叶脉也可变为白色，全株死亡。一氧化碳（CO）对管理人员有严重危害。二氧化硫（SO_2）对人、畜和果树都有危害，危害果树首先是叶片失去光泽如水浸状，进一步由褐色变为浅白色。

36. 日光温室的土壤条件如何？

土壤在露天条件下，由于自然环境的影响，性状一般比较稳定，变化较小。但在温室的封闭条件下，缺少酷暑严寒、雨淋、暴晒等自然条件的影响，加上栽培作物时间长，施肥量大，浇水少，温度高，蒸发量大等一系列因素影响，土壤的状况较易发生变化。主要表现在以下几个方面：

（1）养分转化快，肥料利用率高

由于温室内土壤温度较高，湿度较大，所以土壤中的微生物活动比较旺盛，从而加快土壤养分的转化和有机质的分解。温室内土壤一般不受或少受雨淋，土壤养分流失较少，因此，施入的肥料便于作物充分吸收利用，从而提高肥料的利用率。

（2）土壤酸化

土壤酸化是指土壤的 pH 值明显低于 7，呈酸性反应。溶液中氢离子的总数和总物质的量的比为氢离子浓度指数，它的数值俗称“pH 值”。氢离子浓度指数一般在 0～14 之间，当它为 7 时溶液呈中性，小于 7 时呈酸性，值越小，酸性越强；大于 7 时呈碱性，值越大，碱性越强。土壤酸化影响根的生理机能，导致根系死亡，降低土壤中磷、钙、镁等元素的有效性，诱发缺素症；抑制土壤微生物的活动，肥料的分解、转化速度变缓，肥效降低，易发生缺肥。土壤酸化主要由施肥不当引起，大量施入高含氮有机肥和较多的氮素化肥，作底肥和追肥。因为氮要转化为硝酸后才能被根吸收，因此土壤中便会积累较多的硝酸。温室栽培浇水少又缺少雨水，土壤中的硝酸不易流失，容易积累过多，导致土壤酸化。另外，过多的使用硫酸铵、氯化铵、硫酸钾、氯化钾等生理酸性肥，也能导致土壤酸化。

（3）土壤盐化

土壤盐化是指土壤溶液中可溶性盐浓度过高。由于在密封条件下进行生产，长期人工灌溉，不受雨水淋洗，施肥量大，盐类容易积累。温度较高，蒸发量大，土壤水分带着盐分通过毛细管上升到地表，水分蒸发后盐分遗留在土壤表层，造成表层大量积盐，下部盐分也不断积累。土壤溶液浓度大，影响根系的吸收等生理过程，会造成元素间互相干扰，影响吸收利用。

(4) 土壤营养元素失衡

土壤营养元素失衡就是土壤中营养元素的比例失去平衡。果树需要的营养元素包括碳、氢、氧、氮、磷、钾、硫、钙、镁，需要量较大，称为大量元素；而铁、硼、锰、锌、铜、钼、氯、钠需要量较少，称为微量元素。其中的碳、氢、氧从空气和水中获取，其余主要从土壤中获取。果树对各种营养元素的需求有一定的量及其比例。营养元素之间还存在相助作用和拮抗作用。营养元素供应不足，就会出现明显的营养不良症状。如果土壤中营养元素含量过高，超过正常生长的需要水平，也会造成危害。由于果树对元素吸收的不平衡，以及施肥不同，温室中土壤的酸化和盐化，都会造成某种营养元素的缺乏和过剩。

(5) 病源菌集聚

由于温室往往连续种植，且一年中栽培时间长，甚至周年利用，因此，导致了土壤中病原菌的大量集聚，造成土传病害的大量发生。

四、保护地环境调控

37. 怎样调控保护地的光照?

保护地光照的调控包括减少光照和增加光照。保护地生产是在秋季、冬季和早春进行，在这段时间里太阳光照在全年当中最弱。所以，保护地光照的调控主要是增加光照。增加光照主要从两个方面着手，一是改进保护设施的结构与管理技术，加强管理，增加自然光的透入；二是人工补光。

(1) 选择优型设施和塑料薄膜

调节好屋面的角度，尽量缩小太阳光线的入射角度。选用强度较大的材料，适当简化建筑结构，以减少骨架遮光。选用透光率高的薄膜，如无滴薄膜、抗老化膜等。

(2) 适时揭放保温覆盖设备

保温覆盖设备早揭晚放，可以延长光照时数。揭开时间，以揭开后棚室内不降温为原则，通常在日出 1 小时左右早晨阳光洒满整个屋前面时揭开，揭开后如果薄膜出现白霜，表明揭开时间偏早；覆盖时间，要求温室内有较高的温度，以保证温室内夜间最低温不低于果树同时期所需要的温度为准，一般太阳落山前半小时加盖，不宜过晚，否则会使室温下降。

阴天的散射光也有增光和增温作用，一般揭开覆盖。下雪天一般宜揭开覆盖，停雪后立即扫除膜上的雪，要注意不使果树受冻害。连续二三天不揭开覆盖，一旦晴天，光照很强时，不宜立即全揭，可先隔一揭一，逐渐全揭。

(3) 清扫薄膜

每天早晨，用笤帚或用布条、旧衣物等捆绑在木杆上，将塑料薄膜自上而下地把尘土和杂物清扫干净。至少每隔两天清扫1次。这项工作虽然较费工、麻烦，但增加光照的效果是显著的。

(4) 减少薄膜水滴

消除膜上的水膜、水滴是增加光照的有效措施之一。可从选择薄膜和降低室内空气湿度两个方面考虑。选用无滴、多功能或三层复合膜。使用PVC和PE普通膜的温室应及时清除膜上的露滴。其方法可用70克明矾加40克敌克松，再加15千克水喷洒薄膜面。降低空气湿度参见保护地湿度控制的有关内容。

(5) 涂白和挂反光幕

在建材和墙上涂白，用铝板、铝泊或聚酯镀铝膜作反光幕，将射入温室建材和后墙上的太阳光反射到前部，反射率达80%，能增加光照25%左右。挂反光幕，后墙贮热能力下降，加大温差，有利于果实生长发育、增产增收。张挂反光幕时先在后墙、山墙的最高点横拉一细铁丝，把幅宽2米的聚酯镀铝膜上端搭在铁丝上，折过来，用透明胶纸粘住，下端卷入竹竿或细绳中。

(6) 铺反光膜

在地面铺设聚酯镀铝膜，将太阳直射到地面的光，反射到植株下部和中部的叶片和果实上。铺设反光膜在果实成熟前30～40天进行。

（7）人工补光

光照弱时，需强光或加长光照时间，以及连续阴天等要进行人工补光。一般室内光照度下降到1 000勒克斯（Lux，简称勒，lx）时，就应进行补充光照。每天以3 000～4 000勒克斯补光18小时，收益极大。但每天以2 000～3 000勒克斯补充光照24小时，收益更大。

38. 怎样调控保护地的温度?

保护地温度的调控是在良好保温设施的基础上进行的保温、加温和降温三个方面的调节控制，使温度指标适应果树各个生长发育时期的需要。

保护地内的热源来自光辐射，增加了光照强度就相应地增加了温度，所以增加光照强度的措施都有利于提高温度。

（1）适时揭盖保温覆盖设备

保温覆盖设备揭得过早或盖得过晚都会导致气温明显下降。冬季盖上覆盖设备后，短时间内回升2～3℃，然后非常缓慢下降。若盖后气温没有回升，而是一直下降，这说明盖晚了。揭开覆盖设备后，气温短时间内应下降1～2℃，然后回升。若揭开后气温不下降而立即升高，说明揭晚了，揭开后薄膜上出现白霜，温度很快下降，说明揭早了。揭开覆盖设备之前若室内温度明显高于临界温度，日出后可适当早揭。在极端寒冷和大风天气，要适当早盖晚揭。阴天适时揭开有利于利用散射光，同时气温也会回升，不揭时气温反而下降。生长期采用遮盖保温覆盖设备的方法进行降温是不对的，因为影响光合作用。

果树休眠期为了创造低温条件，应该保住低温，夜间通风降温，白天盖上保温覆盖设备，防止升温。

(2) 设置防寒沟

在温室前沿外侧和东西两头的山墙外侧，挖宽 30 厘米、深 40～50 厘米的沟，沟内填入稻壳、锯末、树叶、杂草等保温材料或马粪酿热增温，经踩实后表面盖一层薄土封闭沟表面。阻止室内地中热量横向流出，阻隔外部土壤低温向室内传导，减少热损失。大棚可在周围挖防寒沟。

(3) 增施有机肥，埋入酿热物

有机肥和马粪等酿热物在腐烂分解过程中，放出热量，有利于提高地温。同时，放出的 CO_2 对光合作用有利。

(4) 地膜覆盖，控制湿度

地面覆盖地膜，有保温保湿的作用，一般可提高地温 1～3℃，土壤保湿，减少土壤蒸发，增加白天土壤贮藏的热量，地膜也增加近地光照。覆盖地膜，地面不宜过湿，有利于温度提高。降温可浇水、喷水。

(5) 把好出入口

冬季保护地门口很容易进风，使温室近口处温度降低，温变剧烈，影响果树的生长。所以要把好出入口，减少缝隙放热。进入口不管是按门，还是挂门帘，都要封严；保温后减少出入次数。一进门还可挂一挡风物，以缓冲开门时的冷风，保护近门口处的植株，挡风物可用薄膜。降低温度时，可以把门敞开。

(6) 适时放风

保护地多用自然通风来控制气温的升高。只开上放风口，排湿降温效果较差；只开下放风口，降温作用更小；上下放风口同时开放时，加强了对流，降温排湿效果最为明显。放风时，通风量要逐渐增大，不可使气温忽高忽低，变化剧烈。换气时尽量使保护地内空气流速均匀，避免室外冷空气直接吹到植株上。

放风要根据季节、天气、保护地内环境和果树状况来掌握。以放风前后室内稳定在果树适宜温度为原则，冬季、早春通风要在外界气温较高时进行，不宜放早风，而且要严格控制开启通风口的大小和通风时间。放风早，时间长，开启通风口大，都可引起气温急剧下降。进入深冬重点是保温，必要时只在中午打开上放风口排除湿气和废气，并适时而止。放风时间，2 月份以前为 10～14 时，以后随着室内温度的升高，放风时间逐渐延长。每天当温度达到 25℃时即开始放风，降至 22℃时关闭放风口。若室内温度在 27℃以上持续高温，要加大通风量。

（7）必要时加温

室内温度低，不适宜果树生长，特别是在关键时刻或有遭受低温危害的危险，则需人工加温。如保温前期夜间气温过低、地温上升缓慢，花期连阴天影响坐果等时间就需人工加温。加温方法有炉火加温、电热线加温、热风炉加温、地下热交换加温、地下温泉水供热等。

39. 怎样调控保护地的湿度?

保护地湿度的调控包括增加、降低土壤湿度和增加、降低空气湿度，应从以下几方面着手。

（1）浇水

灌溉增加土壤水分，同时空气湿度亦增加。如果降低土壤含水量和空气湿度，要控制浇水，阴雨天不浇水。控制浇水可减少土壤蒸发和果树蒸腾，从而降低空气湿度。

(2) 喷水

植株喷水，空中喷雾可增加空气湿度。使薄膜表面的凝结水流向室外可降低空气湿度。

(3) 地面覆盖

覆盖地膜或无纺布等，改进灌水方法，采用地膜下滴灌，利于土壤水分的保持，控制土壤水分蒸发，降低空气湿度。

(4) 放风

要保持空气湿度，减少空气流动带走水蒸气，需控制放风。降低空气湿度时，在保温的前提下，要适时放风排湿，特别是灌水后更要注意放风。

(5) 调控温度

适当提高室内温度，可以降低空气相对湿度。相反，室内温度低，则空气相对湿度大。室内设天幕进行保温，既能降低相对湿度，同时又避免水滴危害。

(6) 吸水降湿

室内畦间或垄上放置麦草、稻草、活性白土等吸湿物质，待吸足水分后及时取走，再换新的，可降低空气湿度。

(7) 中耕松土

地面无覆盖时，灌水后适时中耕松土，可以减少水分蒸发，保持土壤水分，降低空气湿度。

40. 怎样调控保护地的土壤?

保护地土壤的调控主要是改良土壤，培肥地力，以改善其理化性状，创造果树根系生长的良好环境，防止土壤酸化、盐化及营养元素的失衡。主要有以下措施。

(1) 加强土壤管理

土壤管理搞得好，可以促进果树根系生长，提高根的吸收能力，协调土壤与根系的关系。具体方法参考土壤管理的有关内容。

(2) 增施有机肥

有机肥含有果树需要的各种营养元素，且释放缓慢，不会使土壤溶液浓度过高或发生元素过剩。有机肥中还含有大量的微生物，微生物能促使被土壤固定的营养元素释放出来，增加有效成分的浓度。有机肥能改良土壤。但含氮有机肥的施用量要适中。

(3) 合理施用化肥

氮素化肥一次施用量要适中，追肥应“少量多次”。施后浇水，降低土壤溶液浓度。定期测定土壤中各种元素的有效浓度和果树营养状况，进行配方施肥，搭配施肥，不宜过多施含硫和氯的化肥。

根据物候期、肥料种类、土壤类型等确定施肥期、施肥量和施肥方法。

(4) 改造不良土壤

对已发生酸化的土壤，应采取淹水法洗酸、洗盐或撒施生石灰中和酸性。已发生酸化的土壤，不再用生理酸性肥。当温室连续多年栽培后，土壤盐化、酸化较严重时，就要及时更换耕作层熟土，把肥沃的土壤换进温室。

41. 怎样调控保护地的二氧化碳气体?

保护地气体的调控主要指二氧化碳的调控和防止有害气体产生。二氧化碳的调控，主要指人工方法来补充二氧化碳供果树吸收利用，通常称为二氧化碳施肥。二氧化碳来源和调控施用方法很多，但须考虑农业生产的实际情况选用。

(1) 增施有机肥

在我国目前的条件下，补充二氧化碳比较现实的方法是在土壤中增施有机肥，也可堆积起来，一吨有机物最终能释放出 1.5 吨二氧化碳。试验证明，施入土壤中的有机物和覆盖地面的作物秸秆等能产生大量的二氧化碳。在酿热温床中施入大量有机物肥料，在密闭条件下二氧化碳浓度往往较高，当发热达到最高值时，二氧化碳浓度为大气中二氧化碳浓度的 100 倍以上。可以把有机肥堆积在室外用塑料薄膜覆盖，再用塑料管与温室相通，利用有机质腐烂分解产生的二氧化碳供应保护地。

(2) 营养槽法

此法效果较好。在植株间挖深 30 厘米、宽 30～40 厘米、长 100 厘米左右的沟，沟底及四周铺设薄膜，将人粪尿、干鲜杂草、树叶、畜禽粪便等填入，加水使其自然腐烂，可产生较多二氧化碳，持续发生 15～20 天。

(3) 施用固体二氧化碳

一是施用固态二氧化碳。气态的二氧化碳在－85℃低温下变为固态，称为干冰，呈粉末状。在常温常压下干冰变为二氧化碳气体，1 千克干冰可以生成 0.5 $米^3$ 的二氧化碳。使用干冰，操作方便，方法简单，用量易控，效果快而好。但成本高，需冷冻设备，贮运不方便，对人体也易产生低温危害。

二是施用二氧化碳颗粒肥料。二氧化碳颗粒肥，物理性能良好，化学性质和施入土壤后稳定，在理化及生化等综合作用下，可连续产生气体，一次使用可连续40天以上，不断释放二氧化碳气体，而且释放气体的浓度随光照、温度强弱自动调节。肥料颗粒一般为不规则圆球形，直径0.5～1.0厘米。每666.7米^{2}用量40～50千克。沟施时沟深2～3厘米，均匀撒入颗粒，覆土1厘米。穴施时穴深3厘米左右，每穴施入20～30粒，覆土1厘米。也可垄面撒施，在作物根部附近，均匀撒施，遇潮湿土壤慢慢释放二氧化碳气体。施肥时勿撒在作物叶、花、根上，以防烧伤，施肥后要保持土壤湿润，疏松，利于二氧化碳释放。

(4) 施用液态二氧化碳

液态二氧化碳是用酒厂的副产品二氧化碳加压灌入钢瓶而制成。现在市场销售的每瓶净重35千克，在666.7米^{2}面积上可使用25天左右。使用时，把钢瓶放在温室内，在减压阀口上安装直径1厘米的塑料管，管上每隔1～3米左右，用细铁丝烙成一个直径2毫米的放气孔，近钢瓶处孔小些、稀些，远处密些、大些。把塑料管固定在离棚顶30厘米的高度，用气时开阀门。钢瓶出口压力保持在1.0～1.2千克/厘米^2，每天放气6～12分钟。此法操作简便，浓度易控制，二氧化碳扩散均匀，经济实用，每天费用约2元，但必须有货源，做好二氧化碳的及时供应，一般二氧化碳纯度要求在99%以上。

(5) 燃料燃烧产生二氧化碳

通过燃烧燃料产生二氧化碳气体送入温室中，在产生二氧化碳的同时，还释放出热量加热温室。

①利用白煤油燃料产生二氧化碳。1千克白煤油完全燃烧可

产生 2.5 千克二氧化碳（1.27 米^3）。此法在日本使用较多，使用方便，施肥量与时间易于控制，但需用专门的二氧化碳发生器，白煤油价格也较高。

②燃烧液化石油气、天然气产生二氧化碳。通过二氧化碳发生器燃烧液化石油气、天然气产生二氧化碳，再经管道输入到保护地。欧美诸国使用较多。优点是易燃烧完全，产生的二氧化碳纯净，施肥量与时间容易控制，成本不太高。

③燃烧煤和焦煤产生二氧化碳。原料来源较容易，但二氧化碳浓度不易控制，在燃烧中常有一氧化碳和二氧化硫有害气体伴随而出。

④燃烧沼气产生二氧化碳。有沼气的地区选用燃烧比较完全的沼气炉或沼气灯，用管道将沼气通入保护地燃烧，即可产生二氧化碳，简便易行，成本低。

从理论上讲，二氧化碳施肥应在果树光合作用最旺盛、产品形成期光照最强烈时进行。实际生产中一般在日出后，半小时左右施用。具体时间一般为：11 月至 1 月为 9 时，1 月下旬至 2 月下旬为 8 时，3 月至 4 月为 6 时半至 7 时。当需要通风降温时，应在放风前半小时至 1 小时停止施用。遇寒流、阴雨天、多云天气，因气温低、光照弱、光合作用低，一般不施用或使用浓度低。不同物候期和长势叶光合能力不同，需二氧化碳量亦不同，在叶幕形成后和旺盛生长期、产量形成和养分积累期需二氧化碳量大。

二氧化碳浓度也不能过高，浓度过高时，不仅费用增多，而且还会造成果树二氧化碳中毒。在高浓度二氧化碳室中，植株的气孔开启较小，蒸腾作用减弱，叶内的热量不能及时散放出去，体内温度过高，容易导致叶片萎蔫、黄化和落叶。此外，二氧化碳浓度过高时还会因叶片内淀粉积累过多，使叶绿素遭到损害，反过来抑制光合作用。二氧化碳浓度过高时，注意放风，进行调节。

42. 怎样检测保护地内的二氧化碳浓度?

(1) 化学反应法检测

①检测剂测定法。按照使用说明，取被测定的空气通过检测剂观察其着色层的长度变化，查表进行温度校正后，即可求得二氧化碳浓度。

②pH 比色法。碳酸氢钠（$NaHCO_3$）溶液在一定温度下能放出或吸收一定量的二氧化碳，从而与空气中的二氧化碳达到平衡，最后稳定在一定的 pH 上。因此，可以通过指示剂颜色与做好的比色标准比较，即能鉴定溶液的 pH，通过 pH 计算空气中二氧化碳的含量。测定方法是用试管或三角瓶，盛入适量的 0.001 摩尔/升浓度的碳酸氢钠浓液，并滴入少许甲酚红指示剂。在25℃时该溶液的 pH 在 7.9 左右。当溶液从空气中吸收二氧化碳时，pH 降低，颜色由红变黄；当外部的二氧化碳浓度下降时，溶液中的部分二氧化碳便释放出来，pH 升高，溶液由黄变红。因此，可以根据试液的颜色变化与标准试液比色，得出试验的 pH，再换算出二氧化碳浓度（表 11）。

表 11　二氧化碳浓度与碳酸氢钠试液颜色的对应关系（25℃）

试液比色范围	深红色	红色	橘红色	橙色	黄色	淡黄色
所代表的 pH	7.90	7.80～7.70	7.65～7.60	7.40	7.35	7.30
所代表的 CO_2 浓度（%）	0.031	0.043～0.057	0.067～0.1	0.114	0.127	0.143

(2) 利用仪器测定

①pH 光合仪。这种仪器用的较少，可按仪器说明使用。

②红外线二氧化碳分析仪。气体在 2.1～1.5 微米波长的红

外线光谱范围内，都有固定的吸收光谱，并且红外线的吸收量与被吸收气体的浓度成正比。应用这种原理制成的测定二氧化碳浓度的仪器就是红外线二氧化碳分析仪，它能连续测定并记录，测定结果准确可靠。

43. 怎样预防保护地的有毒气体?

预防保护地的有毒气体，主要是预防日光温室内的有毒气体，有以下几个方面。

(1) 预防氨气和二氧化氮气体危害

①正确使用有机肥。有机肥需经充分腐熟后施用，磷肥可以混入有机肥中，增加土壤对氨气的吸收。施肥量要适中，666.7 米^2 一次施肥不宜超过 10 米^3。有机肥宜作底肥和基肥，与土壤拌匀，施后覆土，浇水。

②正确使用氮素化肥。不使用碳酸氢铵等挥发性强的肥料。施肥量要适中，每 666.7 米^2 一次不宜超过 25 千克。提倡土壤施肥，不允许地面撒施。如果地面施肥必须先把肥料溶于水中，然后随浇水施入。追施肥后及时浇水，使氨气和二氧化氮更多地溶于水中，减少散发量。

③覆盖地膜。覆盖地膜可以减少气体的散放量。

④加大通风量。施肥后适当加大放风量，尤其是当发觉温室内较浓的氨味时，要立即放风。

⑤经常检测温室内的水滴的 pH。检测温室是否有氨气和二氧化氮气体产生，可在早晨放风前用 pH 试纸测试膜上水滴的酸碱度，平时水滴呈中性。如果 pH 偏高，则偏碱性，表明室内有氨气积累，要及时放风换气。如果 pH 偏低，表明室内二氧化氮气体浓度偏高，土壤呈酸性，要及时放风，同时每 666.7 米^2 施入 100 千克左右的石灰提高土壤的 pH。

（2）预防一氧化碳和二氧化硫气体危害

①温室燃烧加温用含硫量低的燃料，不选用不易完全燃烧的燃料。

②燃烧加温用炉具，要封闭严密，不使漏气，要经常检查。燃烧要完全。

③发觉有刺激性气味时，要立即通风换气，排出有毒气体。

（3）预防塑料制品产生的气体

①选用无毒的温室专用膜和不含增塑剂的塑料制品，尽量少用或不用聚氯乙烯薄膜和制品。

②尽量少用或不用塑料管材、筐、架等，并且用完后及时带出室外，不能在室内长时间堆放，短期使用时，也不要放在高温以及强光照射的地方。

③室内经常通风排除异味。

44. 保护地设施怎样消毒？

保护地内温度高，湿度大，病虫害发生严重，所以，设施使用年份久了一定要进行消毒，下列方法供选用。

（1）日光高温消毒

日光高温消毒也叫高温闷棚，是指用塑料薄膜密封温室或大棚，在强光照射下，使其内迅速升温到50℃以上，并保持一定时间。一般在夏秋高温期闷棚，棚内温度可达70℃左右，在此温度下闷棚1周左右，棚内大部分病菌和害虫均能被杀死，使表面土壤、墙壁、立柱等进行消毒。同时促使有机肥腐熟，杀死粪肥中的害虫。

(2) 药物消毒

药物消毒是指利用化学药物进行消毒。主要方法有：

①用1%～2%的氢氧化钠水溶液或1%的甲醛溶液，喷洒墙壁、梁柱、玻璃框及其附属设备。

②播种或定植前2～3天，每1米^{3}空间用硫黄粉4克和锯末8克，点燃熏蒸一昼夜。

③每1米^{3}空间用15克高锰酸钾，加少量水，然后倒入30毫升40%甲醛，密闭温室一昼夜。

另外，土壤消毒的一些方法，如熏蒸也能同时进行设施消毒。

设施消毒和土壤消毒一般在保护地中无作物时进行。果树是多年生作物，一经定植，多年不动，消毒只能在种植前或倒茬时进行。

45. 怎样利用高温进行保护地土壤消毒?

对土壤进行消毒，可以杀灭存在于土壤中的害虫、病菌和病毒，减轻病虫危害，保证果树的正常生长结果。土壤消毒一是用太阳能，二是用药剂。

利用太阳能土壤高温消毒法，是在夏季利用地面覆盖产生高温，从而杀灭土壤中病原菌、虫卵和杂草的一种方法。这种方法既经济，又无污染，是生产绿色果品的重要措施。土壤高温消毒方法步骤如下：

(1) 整地作畦

土壤消毒前，先将土地深翻整平，使土壤疏松，增加土壤的透气性，以利于地面热量向地下传导，给深层土壤加温，达到杀灭地下病菌、害虫的目的。然后作畦，畦垄高20厘米左右，这样即有利于灌水，又能使塑料膜离开地面。

(2) 灌水

作畦后灌足水。有条件的按一定距离铺设滴灌设备，以便于覆膜后土壤缺水时补水。地面灌溉补水时水流不要太大，防止薄膜污染，影响透光。灌水次数不要太多，否则影响升温。灌水可增加土壤湿度，利于高温热量的传导。同时高温高湿，可激活病原菌的孢子，使其萌发，各种虫卵也处于孵化阶段，杂草种子萌发，这时病原菌、害虫、杂草抗性最弱，遇高温极易被杀死。

(3) 覆膜

这是土壤高温消毒的关键。灌水几天后覆膜，时间应选在夏季最热时期，7 月上旬至 8 月底最佳。选择高强度、耐高温、密封好的薄膜，也可用旧棚膜铺在地面。铺设时，要将薄膜拉紧，借助畦垄的支撑，使薄膜离地面 20 厘米左右，不要贴地，否则不利于升温。薄膜的连接处要用土压实，避免漏气和热量散发，使用旧地膜时，破损处要用土压实封严。夏季气温高，中午地表温度可达 30～45℃，覆膜后，地温可达 50～60℃，且每天能维持数小时，在近 2 个月的时间里，土壤的病原菌、虫卵和杂草很难抵挡每天数小时的高温而被杀死。还有一种类似的利用太阳能高温消毒的方法，是在 7、8 月份进行，每 666.7 米^2 使用碎稻草 1 000～2 000 千克、生石灰 30～60 千克（pH 值 6.5 以下，若 pH 值 6.5 以上时用同量硫酸）深耕，整成宽 60～70 厘米、高 30 厘米的小厢，厢面盖旧地膜，沟内灌满水至厢面湿透为止。将温室的塑料薄膜盖严密封 7 天以上，这样地表温度可达 80℃以上，一般病虫都能杀死。

46. 怎样利用药物进行保护地土壤消毒?

土壤消毒剂种类很多，从剂型上讲有熏蒸剂、油剂和颗粒剂。常用的有熏蒸剂氯化苦、溴化甲基熏蒸剂，油剂敌线酯（氰土灵），颗粒剂棉隆等。最常普遍使用的是氯化苦。从杀死土壤病虫害的效果看，氯化苦最好，其次是敌线酯，再次是棉隆。

不同剂型的药剂各有其优缺点。熏蒸剂的烟雾对环境污染严重，对周围作物会造成危害。油剂和颗粒剂，特别是微粒剂，气体发生较弱，何时何地均可使用，且无刺激臭味，使用很安全。

使用氯化苦时，先把土壤耕翻疏松，每隔25～30厘米挖一个穴，穴深2～10厘米，每穴注入氯化苦3～5毫升，初次量少，重复使用量多，灌水后立即封土，并用塑料膜覆盖地面。土壤温度保持在15～20℃，土壤不易过干过湿，以手握成团，放手土散碎为宜。经7～10天后揭去薄膜，并再耕翻土壤，使药剂气体充分挥发后，待无刺激性气味时即可种植果树。氯化苦气体有毒，使用过程中要注意安全，要有安全防护用品。处理后的土壤硝化细菌受抑制，土壤会表现缺氮，因此，作物生长前期应注意硝态氮肥的使用。若土壤要使用消石灰，需间隔10天。氯化苦有腐蚀性，使用后的器具要用10%的碳酸钠溶液冲洗。

使用油剂和颗粒剂时，要求地温升至15℃以上，666.7米^{2}撒入45千克药剂，然后翻地20厘米深，使药剂与土壤掺合，因为这种药剂发生的气体少，扩散范围小，与土壤混合后效果受到一定限制。另外，撒药时要带手套和口罩，以免吸入口内和接触皮肤，造成损害。施药后向土壤洒水，使土壤水分保持在40%～50%，以使药剂充分分解。在露地使用可覆盖地膜密闭，不使气体扩散到周围空气中去。这样地温15℃以上，经10天或地温12～13℃，经15～20天，即可达到消毒的目的。在大棚和温室内，扣棚后，以同样的方法，只要连续3天晴天，即可彻底消毒。

使用药剂进行土壤消毒，同一种消毒剂不能长期使用，否则会使病虫产生抗性，降低消毒效果。

五、果树保护地栽培基础

47. 保护地果树地上部和地下部生长有什么特点?

果树属于种子植物，树体由根、茎、叶、花、果实和种子组成。果树树体分为地上部和地下部两部分。地下部分为根系，地上部分包括主干和树冠。树体的中轴称为树干，树干分为主干和中心干两部分。主干以上部分总称为树冠，由骨干枝、结果枝组和叶幕构成。也可以说，茎反复分支组成树冠。地上部和地下部的交界处称为根颈（图 12）。果树地上部与地下部有一定的协调关系，我们常说根深叶茂、树大根深，就是这种协调关系的写照。

果树根系没有自然休眠，只要条件适宜，可全年不断生长。由于受气候条件，主要是低温的影响，冬季被迫进行休眠。根系生长要求的温度比地上部低，多数露地栽培落叶果树发芽前根系即开始活动，以便提供地上部生长所需水分、养分，果树春季生长主要依靠根系贮藏的营养。到发芽前后，随着开花和新梢旺长，根系生长转入低潮。并且根系生长与地上部生长有相互交替现象；不同深度土层中，根系有交替生长的现象。

由于反季节栽培打破了原有的生长发育规律，以及环境条件的影响，保护地栽培果树地上部与地下部的协调性差，根系生长往往滞后于枝梢，这样就加剧了花果与新梢的营养竞争。

保护地栽培果树也可以在地上部与地下部协调性上进行控制，达到栽培目的。例如，通过限制根系的生长，控制地上部树

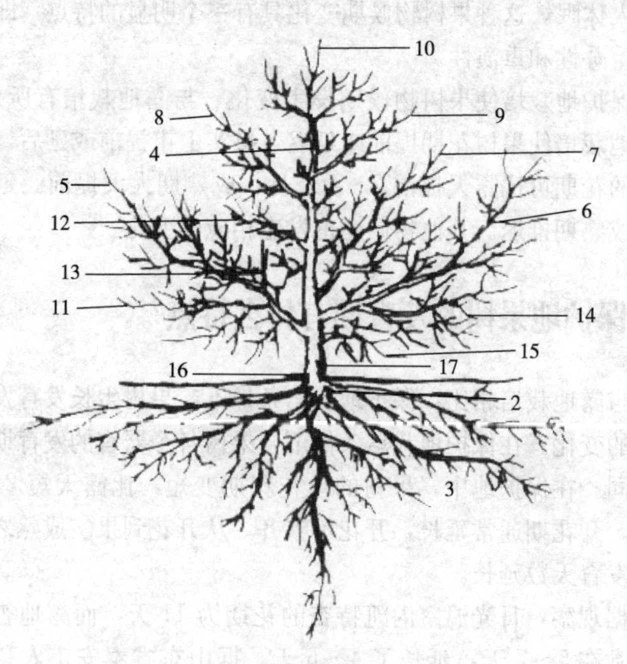

图 12　果树的树体结构

1. 主根　2. 侧根　3. 须根　4. 中心干

5～9. 第 1、2、3、4、5 主枝　10. 中心干延长枝

11. 侧枝　12. 辅养枝　13. 徒长枝　14. 枝组

15. 裙枝　16. 根颈　17. 主干

冠的大小。

48. 保护地果树的物候期有什么特点?

物候期是指生物一年中随着季节的变化而发生的外部形态及内部生理等方面规律性变化的时期，称为生物气候学时期，简称物候期。落叶果树在一年中的生命活动，明显有两个阶段，即生长期和休眠期。在生长期中，可明显看出形态的变化，萌芽、开花、枝叶生长、芽的形成与分化、果实发育和成熟、落叶，落叶后进入休眠。这种果树物候期变化具有三个明显的特点，即顺序性、重叠性和重演性。

保护地栽培使果树物候期发生变化，与露地栽培有所差异。保护地栽培使果树花期提前或延迟，果实上市提前或延后。有些果树的花期可比露天提前 2～4 个月，成熟期大大提前。延迟栽培使成熟期推迟。其他物候期也发生相应的变化。

49. 保护地果树的发育期有什么特点?

与露地栽培相比，保护地栽培条件下，果树生长发育发生了较大的变化。在保护地栽培条件下，果树各个器官的发育期也有所不同。在保护地中，果树的单花花期变短，比露天短 24～37 小时。开花期通常延长，开花不整齐，从开花到果实成熟之间的果实发育天数延长。

据观察，日光温室内凯特杏的花期为 11 天，而露地杏的花期通常在 5～7 天，延长了 4～6 天。据山东省泰安市农科所观察，红荷包、二花曹、车头杏大棚栽培和露地栽培，其果实发育天数相差 7～10 天（表 12）。

表 12　大棚杏与露地杏的果实发育天数比较

品　种	大棚开花时间（月・日）	大棚成熟时间（月・日）	大棚果实发育天数	露地果实发育天数
红荷包	2・9	4・15	65	58
二花曹	2・7	4・19	71	64
车　头	2・7	4・28	80	70

50. 保护地果树的器官生长发育有什么特点?

果树的器官包括根、茎、叶、花、果实、种子等。

(1) 花

保护地果树花器官发育不全，完全花比例下降。尤其花粉生活力降低，在很大程度上影响到产量的形成（图 13）。

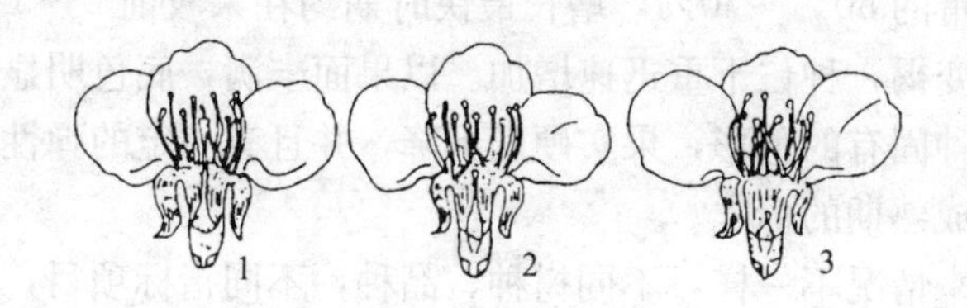

图 13　樱桃的花

1. 正常花（完全花）　2～3. 雌能败育花

(2) 果实

一般讲，保护地栽培果树果实品质和产量下降。保护地栽培加剧了新梢生长和果实生长对光合产物的竞争，一般情况下果实个头变小，含糖量降低，含酸量增加，可溶性固形物、维生素 C 含量略低于露地，风味变淡，品质下降。果实畸形率高，生理障碍加重，但普遍表现出着色好的特点。但也有国内、外保护地栽培果树产量上升，果实品质增进的报道。

果实普遍增大。保护地栽培油桃果实生育期通常延长 10～15 天，果实各生育阶段的天数与夜间温度呈显著负相关（r＝0.915）。果实普遍增大，主要原因是果实生长第一期设施内夜温较低，促进了果肉细胞分裂。如桃果实，发育分三个阶段：第一期为第一次迅速生长期，从受精后子房开始发育到果核开始木质化为止，白色果核自核尖呈现淡黄色为木质化开始。此时子房细胞迅速分裂，果实迅速增长，纵径比横径增长快，果核也相应迅速增大并达到应有大小。第二期为缓慢生长期或硬核期，由核开始硬化至果核坚硬。此期果实增长缓慢，果核逐渐木质化，长到应有的大小，并达到一定的硬度；胚迅速发育，胚乳在迅速发育的同时逐渐被消化；子叶发育成并基本填满整个胚乳。早熟品种硬核期约2～3周，中熟品种4～5周，晚熟品种6～7周或更长。第三期为第二次迅速生长期，由硬核期结束，果实再次出现迅速生长开始，到果实成熟。此期果实增长很快，果实重量的增加约占总果重的50%～70%，增长最快时期约在采收前2～3周。种皮逐渐变褐，种仁干重迅速增加。以果面丰满，底色明显改变并现出品种固有的色彩，果实硬度下降，并且有一定的弹性，为果实进入成熟期的标志。

看来情况不一样，不同树种、品种，不同指标项目，与露天栽培有差异。

保护地栽培裂果加剧。保护地栽培条件下的裂果与树种和品种特性有关，管理措施特别是灌水对裂果轻重有较大影响。温室栽培油桃裂果多发生在采收前20天以内，采收前6～8天是裂果发生的主要时期。树冠外围果、大型果裂果较重，而内膛果、小型果裂果较轻。同样甜樱桃有些品种果皮韧性差，极易裂果，如巨红；有些品种果皮厚而韧性强，不易裂果，如雷尼尔、抉择、早大果、胜利沙蜜脱等。

(3) 叶

保护地栽培条件下，果树叶片变大、变薄，叶绿素含量降低。光和效能下降，约为自然条件下的70%～80%，除与光照有关外，也与叶片质量有关。

(4) 枝

新梢生长变旺，节奏性不明显，节间加长。枝条的萌芽率和成枝力均有提高，新梢生长和果实发育的矛盾加剧，恶化光照状况。揭棚后易新梢徒长，光照恶化，尤其核果类夏天多数“戴帽”旺长。

设施栽培条件下，甜樱桃、李和杏的结果枝类型与露地相近，以短果枝和花束状果枝结果为主。据观察日光温室凯特杏的短果枝的完全花比例为74.8%、坐果率为20.39%。花束状果枝的完全花比例为73.87%、坐果率为19.82%，明显高于中、长果枝，是杏设施栽培的主要结果枝。

(5) 花芽分化

据韩凤珠等对日光温室甜樱桃花芽分化观察结果表明，甜樱桃的花芽分化是在幼果期开始的，确切的时间是在落花后20～25天开始的，落花后80～90天基本结束。不同品种间稍有差异。甜樱桃新梢摘心、剪梢处理形成的二次枝基部也可分化花芽，形成一条枝上两段成花现象，在设施栽培中较常见，但花芽质量较差。

设施栽培杏的花芽分化是在果实采收后10～15天开始的。

桃的花芽分化属夏秋分化型，设施栽培桃在果实采收前花芽分化量很小。据试验观察，温室栽培早醒艳桃，在果实发育期内（1月25日～4月13日）未见花芽分化。采收修剪后的新梢花芽分化是从7月中旬开始到10月上旬为止，分化盛期出现在8月和9月份。所以桃的设施生产多采用果实采收后重短截结果新梢，重新培养结果枝。

在保护地设施内，葡萄部分品种花芽分化不良，也需采取更新措施，在露天情况下重新培养来年的结果母枝。

51. 果树需冷量是怎么回事？怎样计算需冷量？

果树休眠是果树在系统发育中形成的一种对低温、高温、干旱等逆境适应的特性，我们明显看到的是冬季休眠，是对低温的适应。只有进入休眠，果树才能安全越冬，否则就会冻死。同时，休眠期间果树外部形态无明显变化，但内部仍进行着生理、生化变化，为萌芽生长做准备，已经形成了这样一种特性。只有通过休眠，果树才能在适宜的环境条件正常生长发育。如果冬季低温不足，未能解除自然休眠，果树将表现不萌芽、不开花或萌芽、开花不整齐，叶片小，生长结果差等现象。保护地果树促成栽培必须要通过休眠或打破休眠，否则无法进行。通过自然休眠需要的一定时间和一定程度的低温条件，叫做需冷量。需冷量用一定程度低温的小时数表示。不同树种、品种需冷量不一样，也就是需要一定程度低温条件的时间不一样。需冷量有个什么标准，怎样计算呢？

需冷量一般以芽需要的低温量表示，即芽在0～7.2℃范围内通过休眠需要的小时数。例如桃品种春蕾的需冷量为850小时，就是说春蕾在0～7.2℃范围内，经过850小时就能完成自然休眠。在生产上，只要创造0～7.2℃范围内的温度条件，经过35天，春蕾就可以升温进行保护地生产。

除0～7.2℃模型外，需冷量也可用≤7.2℃模型、0～9.8℃模型、犹他（Utah）模型。犹他模型指自然休眠结束时积累的冷温单位（Chillunit，C. U.），2.5～9.1℃为打破休眠最低温度范围，此温度下1小时计为1C. U.；1.5～2.5℃及9.2～12.4℃的低温范围有半有效作用，1小时计0.5C. U.；低于1.4℃或12.5～15.9℃为无效温度；16～18℃低温效应部分被解除，该温度范围内1小时相当于－0.5C. U；18℃度以上低温效应全被解除，该温度范围内1小时相当于－1C. U.。

以葡萄为例说明，常用品种的需冷量值分布较广，若以0～7.2℃模型作为需冷量估算模型，则介于573～971小时之间；若以≤7.2℃模型作为需冷量估算模型，则介于573～1 246小时之间；若以犹它模型作为需冷量估算模型，则介于917～1 090 C. U.之间（表13）。

果树自然休眠与树种、树体发育状况及器官组织类型有关。不同树种因原产地系统发育而形成不同的休眠特性。如扁桃在0～7℃低温下200～500小时可完成自然休眠，桃为500～1 200

小时，苹果、梨为900～1 000小时。自然条件下，多数果树在12月下旬至翌年2月下旬结束自然休眠。同一树种，幼树进入休眠期晚于成年树，在同一株树上进入休眠的顺序是从小枝向大枝，由木质部到韧皮部，最后为形成层。

表13　不同需冷量估算模型估算的葡萄不同品种的需冷量

（王海波等）

品种（品种群）	0～7.2℃模型（小时）	≤7.2℃模型（小时）	犹他模型（C.U.）
87-1（欧亚）	573	573	917
红香妃（欧亚）	573	573	917
京秀（欧亚）	645	645	985
8612（欧美）	717	717	1 046
奥迪亚无（欧亚）	717	717	1 046
红地球（欧亚）	762	762	1 036
火焰无核（欧亚）	781	1 030	877
巨玫瑰（欧美）	804	1 102	926
红双味（欧美）	857	861	1 090
凤凰51（欧亚）	971	1 005	1 090
火星无核（欧美）	971	1 005	1 090
布朗无核（欧美）	573	573	917
莎巴珍珠（欧亚）	573	573	917
香妃（欧亚）	645	645	985
奥古斯特（欧亚）	717	717	1 046
藤稔（欧美）	756	958	859
矢富萝莎（欧亚）	781	1 030	877
红旗特早玫瑰（欧亚）	804	1 102	926
巨峰（欧美）	844	1 246	953
夏黑无核（欧美）	857	861	1 090
优无核（欧亚）	971	1 005	1 090
无核早红（欧美）	971	1 005	1 090

需冷量是通过试验或实践经验总结出来的，我们在进行果树保护地栽培时需要知道品种的需冷量，查阅有关资料即可，也要善于自己总结经验。现有资料如果不加说明，需冷量一般用的是0～7.2℃模式。

52. 哪些果树可以进行保护地栽培?

果树能否进行保护地栽培，或者保护地栽培选择哪种果树，一要看果树本身，二要看实际需要。

就果树本身来讲，只要生物学特性与环境条件吻合，就能够进行栽培。不同的果树树种具有不同的生物学特性，最明显的是有南方常绿果树和北方落叶果树之分（表1）。只要创造果树生长发育的适宜条件，任何果树都能进行保护地栽培。

从实际需要看，随着我国人民生活水平的提高，人们对水果的要求不断攀升，总的趋势是：从数量转向质量，从少数果品转向多样化果品，从贮藏保鲜到自采尝鲜，并要求季节性和时令性强的果品能常年供应。有需求就有市场，就要效益。对于果品生产者来讲，进行果树保护地栽培主要目的是提高经济效益，经济效益和社会效益是相辅相成的。

从果树栽培的目的和社会效益看，进行果树保护地栽培具有以下作用：第一，解决市场不常见（季节性和时令性强）的水果周年供应的问题，即借助设施及其配套栽培技术，生产反季节的水果。如原来主要在夏季上市的桃、油桃、李、杏、樱桃、葡萄、草莓和鲜枣等果品，能够常年上市，特别是在冬、春季节上市。第二，解决异地果品在当地保鲜供应的问题，不仅要丰富当地的水果市场，而且要求新鲜度高，随采即销，免去贮藏运输的成本。如原生于北方的水果在南方生产，原生于南方的水果如青枣、蕃石榴、杨桃、枇杷、火龙果、番木瓜、无花果和莲雾等在北方生产。这种现象称做“反地域栽培”。

保护地果树栽培技术是果树栽培的新内容，其科技含量和涉及的研究领域之多，栽培技术的难度之大等都远远高于露地栽培，是高投入、高产出、高效益的一项特殊栽培技术措施，是针对那些不能长期供应和不能在当地露地栽培树种的。而对于耐贮运，并已经实现周年供应的果品，如苹果、梨、柑橘、香蕉、菠萝等鲜果，榛子、核桃、板栗、仁用杏、扁桃、开心果等干果都没有意义。

果树保护地延迟栽培一般选择果实贮藏性较差的优良鲜食树种，如桃、杏、李、樱桃、葡萄、枣、荔枝、龙眼、芒果等。

但是，随着人们生活水平的提高和不同需求的增加，也随着保护地栽培技术的发展和提高，以及各种技术的有机融合，观赏与鲜食兼用的保护地盆栽苹果、梨、柑橘等，成为果树保护地栽培的新宠，经济效益也相当可观。

53. 保护地果树栽培怎样选择品种？

果树露地栽培主要考虑对当地气候的适应性，再是考虑经济性和社会性。保护地栽培所创造的小气候条件，尤其是光照、温度等同露地栽培相比有共同点，也有其特点。因此，在选择保护地栽培品种时，除露地栽培所要求的条件外，还需考虑以下因素。

（1）品种特性

果树不同品种有各自的特点，生长结果习性有所差异，主要是花芽分化时间早晚以及所要求的条件、休眠期的长短及所要求的条件和果实品质。保护地栽培，要求果实成熟期早，就应选择花芽分化时间早，较高温度即分化花芽，休眠期短或易打破休眠的品种。随着要求果实成熟期的延后，对品种的要求即接近露地栽培的要求。

促成栽培的主要目的是促进果实提早成熟，提早上市，以调节市场供应获得更大的经济效益，关键是花芽分化要早，为早保温奠定基础。果树生长发育正值寒冷的冬季，低温、弱光等不利条件容易导致畸形果增多，果实着色不良，品质下降。所以，还要求品种耐寒性强，长势强，抗病性强，花粉多而健全，果实大小整齐，畸形果少，产量高，品质好。

果树保护地延迟栽培，一般选择外观与品质俱佳的晚熟、极晚熟品种。此外，还要求品种花芽容易形成，花粉量大，自花结实力强，结果早，丰产性好；树冠开张，易于调控，或树体紧凑，适合矮化密植栽培；适应性广、抗病性强。目前作为保护地延迟栽培的树种主要有葡萄和桃。葡萄适宜延迟栽培的品种有巨峰、黑大粒、红地球等。桃适宜延迟栽培的品种一般选果实发育期 180 天以上，成熟期在 10～12 月的极晚熟品种，如中华寿桃、冬雪蜜桃、红雪桃、霜红蜜等。

如果栽培技术措施得当，一些品质优良的早、中熟品种也可用作保护地延迟栽培。通过休眠后的果树植株，如果进行冷库贮藏，何时需要何时保护地生产，选择早、中熟品种，生产周期更短。

(2) 环境条件

不同地区环境条件不一样，尤其是影响花芽分化和休眠的日照长度和温度的差异，在品种选择上也不一样。低温和短日照来得早的地区花芽分化早，进入休眠早，选择易分化花芽、休眠期短的品种，保护地栽培果实成熟最早，即使休眠期较长的品种进行保护地栽培，果实成熟也较早；而低温和短日照来的较晚的地区，保护地栽培必须选花芽分化早、休眠期短的品种，果实才能较早成熟。

(3) 保温设施

保温设施与措施必须与品种特性相配合。设施保温性能越好，投资越大。一般讲，温室、有保温设备的大棚可以常年满足果树生长发育的温度需要；大棚、中棚、小拱棚，春季适宜果树生长的温度依次延后。

一般以果实成熟期来决定采用的保温设施，因为成熟期要求越早，需要的保温设施投资越大，将来才有相应的经济效益，也相应的选择花芽分化早或通过休眠早的品种和能通过休眠的条件。

54. 保护地果树栽植制度有哪些?

果树保护地栽植制度有如下几种。

(1) 多年一栽制

多年一栽制与一般露地栽培一样，栽植 1 次，连续多年进行保护地生产。多年一栽制也包括成龄树栽培，成龄树栽培是直接在已有的成年果园建棚，对成龄果树进行保护地栽培。由于成龄园在栽植密度、行向、树体结构与大小等方面不是按照保护地栽培设计的，难以调整适合保护地栽培，在保护地栽培兴起的初期有采用这一模式的。近年来也有的先建园，再建设施，对于生长较慢的果树，例如樱桃，先定植，经过 3～5 年管理，树体大量结果后，再建棚进行保护地生产，这种模式定植时就是按照准备建造保护设施设计的。

(2) 一年一栽制

一年一栽制也称一年一倒茬。每年定植新苗，经过一个生长季生长发育，秋季、冬季或翌年春季扣棚，采收后弃株重栽。保护地草莓主要是一年一栽制，温室葡萄有些品种，例如巨峰，也是一年一栽制，以保证连年丰产。

(3) 一年一更新制

一年一更新制是在多年一栽制基础上，每年对植株进行更新。保护地葡萄栽培应用较多，葡萄更新有多种方式，但都是通过更新形成新的新梢，培养为来年的结果母枝。

(4) 一年多栽制

一年多栽制是一年多次栽植，多次收获。主要在草莓上应用。

木本果树盆式工厂化栽培属于多年一栽制，盆式工厂化栽培一年多次收获是在不同的植株上实现的。

55. 什么是预备苗技术？怎么培育大苗？

所谓预备苗技术，就是先培育果树大苗后，再进行定植建园的技术。先培育成发育良好，尤其是具备一定花量的壮苗，建园定植后，经保护地栽培，健壮生长，当年获得高产。桃、葡萄等生长快，年生长量大，容易成花，在良好的栽植管理条件下，定植当年就能形成良好的树形、够用的枝量和花芽，可在设施内直接定植 1 年生苗。而樱桃、杏等进入盛果期较晚的树种达不到以上要求，宜采用预备苗技术，再在设施内定植大苗，以节省土地，便于管理，尽早获得产量，降低管理成本。

(1) 培育和利用大苗的方式

一是利用露地栽植培养的结果树，就地建造保护设施，进行保护地栽培。

二是做好设施建设和园地规划后，先栽树，待树结果后再建保护设施。

三是移植结果树，将 4～6 年生大树移栽到保护地内，方法简便，快捷。

(2) 培育大苗的方法

选择土层较深厚、背风向阳，最好是距离栽培保护地比较近的地块作为培育大苗的苗圃地。

按照1米×1.5米的株行距，挖40厘米×50厘米的栽植坑。将编织袋放入坑内，用园土与适量腐熟的有机肥混合后装入袋内，装至1/2高，然后放入苗木，覆土至根颈处，浇水沉实。在北方地区春季比较干旱，苗木定植高度可与地面平。但在华北地区或是在较低洼地，可采用高畦栽植，畦高20～30厘米，以避免雨季发生内涝。如果采用高畦栽植，则一定要覆盖地膜。如果定植苗在苗圃内未进行圃地整形，覆膜后要及时定干。定干高度为35～45厘米，剪口下至少要有3～5个饱满芽，然后用塑料袋将苗干套上，以防抽干和虫害。苗木成活后要及时将塑料袋去掉，然后加强田间管理，按照选择的树形进行整形修剪，培养适合设施栽培的树形。

在不适宜露地果树栽培地区，如冬季最低气温低于－20℃的地区进行露地培育大苗，上冻前一定要将树移入贮藏窖或室内，在0～7℃的条件下贮藏，来年再移栽到室外。这样经过2～4年的树体树形培养，就可以定植到温室或大棚里进行保护地生产。

56. 保护地果树什么时间栽植?

北方落叶果树主要在秋季落叶后至春季萌芽前的休眠期栽植，一般分为秋栽和春栽。具体时间应根据当地气候条件及苗木、肥料、栽植坑等的准备情况确定。

(1) 秋栽

秋栽在霜降后至土壤结冻前进行。秋栽有利根系恢复，次年春季发根早，萌芽快，成活率高，生长旺盛。但在冬季寒冷，风大，气候干燥的地区，容易产生冻害，枝条抽干现象严重，秋栽不妥。另外，也可以早秋带叶栽植，即在9月下旬至10月上旬带叶片进行栽植。此时苗木地上部分停止生长，根系活动仍然旺盛。利用秋季多雨，天气凉爽，水分蒸发少的特点，抢墒带叶栽植。成活率高，伤根愈合快，并能促发新根，从而提高越冬抗寒能力，避免抽条现象，次年春季幼树基本不缓苗，萌芽早，发枝多，生长旺。但带叶栽植必须就近育苗，就近栽植；提前挖好栽植坑；挖苗时少伤根，多带土，随挖随栽；阴雨天或雨前栽。

(2) 春栽

春栽在土壤解冻后至萌芽前栽植。春栽宜早不宜晚，栽植过晚，发芽迟，缓苗慢。栽后如遇春旱，应及时灌水，以提高成活率，促进发苗。

(3) 袋装苗栽植

保护地内栽植果树如采用袋装育苗，对栽植时期要求不很严格，因为不伤根，不缓苗。大体有三种情况：一是秋栽，适宜大苗移栽。设施冬季可以升温，这样在苗木满足需冷量后即可进行保护地生产。二是没有建造大棚，先在大棚的位置上定植，定植时期同露地栽植时间相同。三是在设施内腾空后栽植。

57. 保护地果树怎样确定栽植密度?

栽植密度是指单位面积栽植的株数，一般用株/666.7米^{2}表示。密度大，株行距则小，株行距用株距（米）×行距（米）表示。

保护地果树栽培要根据树种品种的生长势强弱、设施的宽度、立地条件、栽植制度、栽培方式等来设计株行距。

桃树株行距一般是1.0～1.5米×2.0米。如温室宽7米，可一行栽 5 株，温室前后各留 1.0 米，株距为 1.25 米；如温室宽度为 8 米，可一行栽 6 株，株距为 1.2 米。李树的适宜株行距以 2 米×3 米为好，平均产量最高（杨建民，2004）。杏树和甜樱桃树比较高大，株行距以 2～3 米×3～4 米为宜。若采用矮化砧株行距还可适当缩小。

还要考虑品种的特性和土壤肥力条件等，在土壤肥沃或长势较强的品种，如红灯、大紫等樱桃等品种株行距宜大些；而在土壤肥力较低的地段或长势较中庸的品种，如佐藤锦、芝罘红等樱桃品种则株行距可小些。

多年一栽株距大，一年一栽、一年多栽株距小。果树盆式工厂化栽培株行距可随时调整。

58. 保护地果树栽培有哪些方式？什么是平地挖坑栽培？

（1）栽培方式

果树保护地栽培有不同的方式。按照设施类型有大棚栽培、温室栽培等。按照栽植模式的不同，有平地挖坑栽培、高畦栽培、盆式工厂化栽培、台式基质栽培等。

（2）平地挖坑栽培

我国果树保护地栽培技术的研究起于 20 世纪 70 年代，栽植的方法是整地、挖沟、施肥、栽树、灌水等，与露地栽培技术基本相似，称为平地挖坑栽培。

平地挖坑栽培的效果是比露地栽培提早 1～2 个月上市，产量 1 500～2 000 千克/666.7 米^2，效益为 2 万～3 万元/666.7 米^2。研究的主要技术内容是：日光温室的结构，适宜的树种与品种，扣棚升温的适宜时期，不同生育时期温度、湿度的变化与调控技术，适宜的树形和授粉等配套栽培技术。

1978年黑龙江省齐齐哈尔市园艺所率先在塑料薄膜大棚和加温温室栽培葡萄获得成功；1986年辽宁省果树科学研究所日光温室栽培葡萄通过省级成果鉴定；1991年辽宁省辽中县日光温室桃栽培通过沈阳市科技成果鉴定；1992年河北省满城县日光温室栽培草莓获得成功，1995年通过鉴定；1992年山东省烟台市日光温室栽培樱桃获得成功，1996年通过鉴定；1997年辽宁省果树科学研究所日光温室栽培油桃、李和杏获得成功，分别于1998、1998和2003年通过鉴定；2002年辽宁省农业职业技术学院日光温室栽培无花果通过成果鉴定。虽然没有进行鉴定，各地都陆续进行了各种果树的大棚、日光温室平地挖坑栽培，并获得成功，有的成为当地的支柱产业，获得良好的经济效益和社会效益。平地挖坑栽培目前还是保护地栽培普遍采用的方式。

59. 什么是高畦栽培?

高畦栽培或叫起垄栽培，是在保护地内做成高出地面的畦面，将果树定植在畦面上。高畦和平畦标准差不多，只是把畦埂修成畦沟。畦面高25～30厘米，宽50～100厘米，不同树种和栽植方式有所差别（图14）。

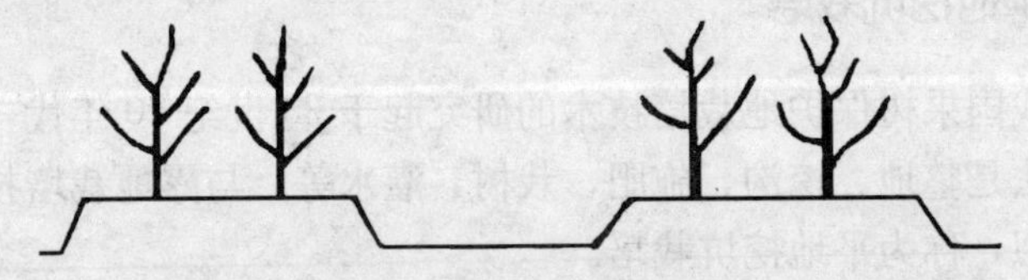

图14 高畦栽培示意图

高畦栽培把表土都集中在畦面，根系基本全部集中在肥沃的表土层，有着较优越的养分条件扩大果树根系生长范围；根际土壤不容易积水，能保持良好的通气性；利于覆盖地膜，增强地膜覆盖的增温效果；增加土壤的受光面积，有利于春季土壤温度的提高；改善保护地栽培高密度下的光照；排灌方便，能保持土壤疏松。因而，高畦栽培能促进根的生长，有利于树体生长、果实产量及优质果率提高。

60. 什么是台式基质栽培?

2000年，沈阳农业大学园艺学院吕德国等，开始杏和葡萄等果树的台式基质栽培技术研究，2002年5月通过了省级成果鉴定。该栽培方式的创新点是改平地挖坑施肥栽树为台式基质栽培，将设施内平地改为用红砖砌成的宽1米、深0.5米、长7米的砖槽，槽内原土全部挖出，回填的是由山皮上、肥沃园土、腐熟土杂肥、透性材料按2∶4∶4∶1配置的基质，同时每米^{3}加2.5千克复合肥，充分拌匀，装填后覆黑地膜，膜下滴灌，肥水并施。槽与槽之间形成了长、宽、深为7米×0.5米×0.5米的步道沟，使砖槽成为台地（图15），台上株行距1.2米×2.0米，每666.7米^{2}栽植杏树235株，品种选用能自花结实的凯特杏，苗龄为2年生的壮苗。

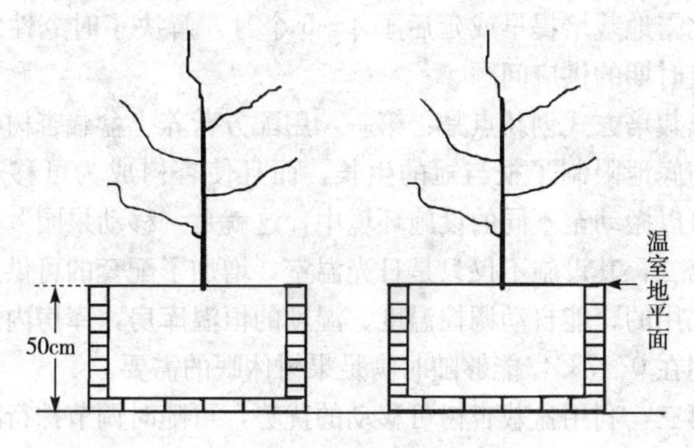

图15　台式基质栽培示意图

台式基质栽培与露地栽培的不同点，一是栽培方式上，改平地挖坑局部施肥栽树为全园配方台式基质栽培，加大了设施内土壤改良的力度，奠定了高产优质的土壤肥力基础。

二是在控制树冠的技术上，改变了单纯依靠地上措施，采用了限根于槽内，增加了用限根来控制树冠的措施，形成了限根+高产+勤摘心的综合控冠技术措施，效果十分明显。

三是在品种选择上，改变了以选择短低温并早熟的品种为主要目标，代之以选择自花结实并丰产的品种为主要目标。现在保护地果树的台式基质栽培已经应用到许多树种，提高了设施果树的产量和效益。

61. 什么是盆式工厂化栽培?

盆式工厂化栽培已经初露端倪，这是我国保护地果树发展的高级阶段，有着很强的生命力。2004 年辽宁省沈阳市辽中县宝田桃园创造了设施盆栽杏树 1 年 2 熟，而且分别是在 11～12 月和 2～3 月成熟上市；实现了杏树在春夏季休眠、秋冬开花、冬春成熟的反季节栽培；设施内上下 2 层立体结果，2 茬杏产量达 2 600 千克/666.7 米^2，666.7 米^2 效益在 10 万元以上。果实成熟期比露地栽培提早或延后了 4～5 个月，解决了时令性水果最难供应时期的供应问题。

该栽培方式创新点是：第一，用配方营养土盆栽杏树，不仅完全彻底地限制了根与冠的生长，而且使杏树成为可移动的果树，可以搬动至不同的设施环境中，这就是“移动果园”。

第二，其设施不仅只是日光温室，增加了配套的可供果树夏季休眠用的、能自动调控温度、湿度的恒温库房，库房内温度可以控制在 0～7℃，能够随时满足果树休眠的需要。

第三，利用盆栽杏树可移动的优势，可随时调节株行距（盆距），休眠时可盆摞盆，开花授粉时可盆靠盆，结果后加大盆距，充分接受阳光，积累养分形成花芽。

第四，建立了“日光温室—盆栽场—恒温休眠库—日光温室”的循环式生产工艺流程，多批次的循环生产，则形成了保护地木本果树的周年“工厂化生产”。1 个温室可以 1 年两熟，也可以 1 年多批成熟，提高了温室的利用率。

62. 什么是果树限根栽培技术?

限根栽培技术就是人为限制果树根系生长，以控制地上部生长的措施。由于保护地栽培的效益要比露地栽培高几倍、十几倍、甚至几十倍，因此保护地栽培的面积也迅速扩大。但由于保护地栽植的特殊原因，以及对技术的较高要求，导致了许多生产的失败，特别是树体控制的失调。所以，控制适宜的树体十分重要，而限根生产则是最直接而有效的控制方法。

果树进行保护地栽培，因设施空间的限制，对果树就提出了两点基本要求：一是树体矮化紧凑，以便于密植与调控；二是易花早果，早期效益高，并便于更新。目前保护地栽培的核果类树种，如桃、李、杏、樱桃等，使植株矮化的矮化砧木的选育与应用以及短枝型品种的应用还刚刚起步，主要通过人工控制达到矮化调节，而根系是决定果树生长发育的重要器官。通过调节保护地果树根系的分布、类型及生长节奏，可以较好的控制地上部生长，促使易花早果。所谓限根生产，主要是限制根系垂直伸展和限制强生长根的发生与数量，引导根系多向水平方向生长，促进吸收根的发生。

63. 果树限根栽培技术有哪些?

保护地果树限根栽培技术简述如下。

(1) 果树浅栽

保护地果树建园时，除按常规的建园要求进行园地规划设计、土壤改良、定点挖沟（穴）、施肥回填、浇水定根外，在栽植时，比露地栽培要适当浅栽。树深栽、浅栽，都不利于根系生长，因而影响地上部生长，这是常识。

（2）起垄栽植

起垄栽植，或者高畦栽培，是限根生产最为方便实用的方法。建园时用表层土堆积起垄成行。起垄时，土壤添加30%的有机肥，垄高40～50厘米、宽50～80厘米，把果树栽植于垄上。起垄后，土壤透气性增加，有利于提高土温，根系所处土层的水、肥、气、热环境稳定适宜，吸收根发生量大，生长根比例少。根系垂直分布浅，水平分布范围大，有利于树体矮化紧凑，易花早果，也有利于果园管理与更新。

（3）底层限制

保护地果树栽植时，在沟（穴）底部铺设隔离层，以限制底层的根系垂直扩展并增加底层的透气性。隔离层常用的材料有纸被、塑料编织袋、泡沫塑料等。使用时除要保证限根效果，还需注意底层的透气性，并防止浇水或自然降雨后积水成涝。

（4）台式栽植

详见60. 什么是台式基质栽培？

（5）容器栽植

容器栽植是把果树栽植于容器中，进行保护地栽培。容器栽植是限根效果最为显著的一种方法。生产中主要有3种容器栽植类型。

①盆式栽植。用陶盆等栽植果树，盆的规格根据树体大小而定，但有一定限度。一般口径30～40厘米，深度40厘米左右。盆底钻1～2个透气孔，盆壁周围钻多个通气孔，孔径1.0～2.0厘

米。盆中填充肥沃疏松的基质土，栽植果树，然后把盆连同果树埋入土中，或摆放地面，按设计株行距排列后扣棚栽培（图 16）。

图 16　盆栽苹果

②袋式栽植。将塑料编织袋填充基质土，果树栽入袋中后埋入棚室土壤或摆放地面，进行保护地栽培。

③箱式栽植。将果树栽在箱器中，箱器以耐腐烂的塑料箱为主，也可利用木箱或纸箱。箱壁可钻多个透气孔。

不论哪种容器栽植方式，均是通过容器的有限容积，限制根系的垂直生长与分布，并由此调节根系的类别组成。尤其值得注意的是，进行容器栽植时，在土壤管理上，应充分利用果树的根系边缘效应，进行肥水调控，以有利于设施果树的生长发育。

(6) 根系修剪

通过根系修剪调节，使树体营养生长削弱，树体矮化，短枝比例增加，花芽分化增多。树体中氮素营养水平下降，碳素营养水平提高，C/N 比适宜，有利于成花。果树保护地栽培中，可较多地利用根系修剪技术，以利于控旺促花，安全越夏。

根系修剪的时间以花期和新梢旺长期为宜，旺树可修剪两次，中庸偏旺树可修剪1次，弱树不能修剪，根系修剪后的效应一般持续30～45天，之后恢复根系建造。

根系修剪方法主要有两种。

①**物理修剪法。**利用人工或机械等物理手段将根切断，尤其是切断垂直根和比较粗大的根，以达到修剪的目的。

②**化学修剪法。**利用化学药品将根致死或抑制其生长，以实现修剪的目的。常用的化学药物主要是铜离子制剂，如硫酸铜、碳酸铜、环烷酸铜等。这些化学制剂既可用于抑制侧根，也可用于削弱直根。

不论哪种根系修剪法，应根据限根栽培树龄、生育状况、生产目的等因素综合考虑，灵活掌握，切勿使用过限。否则，会产生负面影响，造成不应有的损失。

64. 保护地果树人工控制休眠技术有哪些?

保护地果树人工控制休眠主要是在温度控制和化学物质控制方面。

(1) 温度控制促眠技术

通常采用的方法是在外界稳定出现低于7.2℃温度时（辽宁南部10月下旬至11月上旬）扣棚，同时覆盖保温被或草帘。让棚室内白天不见光，降低棚内温度，夜间打开门口、通风口和前底脚覆盖，尽可能创造0～7.2℃的低温环境。这种方法简单有效，成本低，是生产上广泛采用的技术。山东果农在果树落叶后，采用冰块降温的方法，促使温室内的果树尽快度过休眠，这也是个好办法，就是成本较高。此外，还有采用间歇式喷水的方法，通过喷水蒸发冷却降低芽的温度，从而满足芽休眠所需的低温量，促进解除休眠。

采用低温处理打破草莓的休眠在生产已广泛应用，即在草莓苗花芽分化后将秧苗挖出，捆成捆，放入0～3℃的冷库中，保持80%的湿度，处理20～30天，即能打破休眠。在有条件的情况下，也可在设施内采用人工制冷的方法，强制降低温室内的温度，促使果树尽早通过自然休眠。目前在甜樱桃的促成栽培上有采用人工制冷促进休眠的例子。采用容器栽培的果树均可以将果树置于冷库中处理，满足需冷量后再移回设施内，进行促成栽培，或人为延长休眠期，进行延迟栽培。

据报道，短时高温处理也可以打破落叶果树的休眠。把桃、苹果的休眠短枝浸泡于45℃水中进行水浴，可解除休眠；把葡萄枝条置于50℃热水中30分钟，也具有破眠效果。这些都是试验，用于生产还需继续努力，但试验结果能给我们继续探索的依据和勇气。

(2) 化学物质控制休眠技术

在自然休眠未结束前，欲提前升温，需采用人工打破自然休眠技术。目前化学物质控制方面应用比较成功的是用石灰氮打破葡萄休眠和用赤霉素打破草莓休眠。

石灰氮（$CaCN_2$）的化学名称叫氰氨化钙，由于含有很多的石灰，称作石灰氮。石灰氮是黑色粉末，带有大蒜的气味，质地细而轻，吸湿性很大，易吸潮引起水解作用，并且体积增大。石灰氮含氮20%～22%，在农业上可用作碱性肥料，做基肥使用。也可做食用菌栽培基质的化学添加剂，补充氮源和钙素。石灰氮对人畜有毒，接触皮肤时能引起局部溃烂。

葡萄经石灰氮处理后，可比未经处理的提前15～20天发芽。使用方法是用5倍石灰氮澄清液涂抹休眠芽，即在1千克石灰氮中加5升温水，多次搅拌，勿使其凝结，2～3小时后，用上清液，加展着剂或豆浆后涂抹休眠芽。通常在自然休眠趋于结束前15～20天左右使用，涂抹后即可升温催芽。对于一年一栽制和一年一更新制的结果母枝，其基部距地面30厘米以内的芽和顶端最上部的两个芽不能涂抹，其间的芽也要隔一个涂抹一个，以免造成无用芽萌发，消耗营养和顶部芽萌发后生长过旺。

在草莓上应用赤霉素（GA_3）具有打破休眠、提早现蕾开花、促进叶柄果柄伸长的效果。使用方法是，用 10 毫克/升赤霉素喷布植株，尽量喷在苗心上，每株 5 毫升左右，处理适宜温度为 25～30℃，低于 20℃效果不明显，高于 30℃易造成植株徒长，所以宜在阴天或傍晚时进行。一般在保温后 3～4 天处理，如配合人工补光处理，喷 1 次即可。对没有补光处理或休眠深的品种可在 10 天后再处理 1 次。

(3) 人工补光打破草莓休眠

人工补光创造长日照条件，有促进草莓打破休眠效果，是草莓日光温室促成栽培的重要措施。人工补光的具体方法是，安装 100 瓦（W）白炽灯，每 666.7 米^2 安装 40～50 个，安装高度为 1.5 米。每天放帘后开始补光 5 小时左右，将每天光照时间保持在 13 小时以上。

65. 保护地果树管理主要从哪些方面着手？

保护地果树与露地栽培相比,综合管理技术应注意以下几个方面。

(1) 协调生长发育

促使地上部与地下部生长协调一致。果树春季生长主要依靠根系贮藏的营养，露地栽培果树发芽前根系即开始活动，以便提供地上部生长所需水分、养分。保护地栽培保温前，就要提高地温，以利于根系的生长。扣棚前 30～40 天棚室地面覆盖地膜，提高地温，促进根系生长，与地上部分枝叶生长协调一致。

(2) 促进花芽形成

果树花芽的形成受内部因素与外部环境条件的综合影响，必须有枝芽基础、营养物质、调节物质和良好的环境条件。保护地条件下，往往不能很好的满足。必须创造条件满足，在花芽分化前，树体喷布1%～3%的尿素，促进花芽发育；保持良好的光照；保护地条件下不能形成花芽的品种，采取措施在露天阶段形成足量的花芽。

(3) 采用适宜树形

根据树种、品种特性，以及栽培模式、栽植密度等，选择适宜的树形，以适应保护地生产。

(4) 合理整形修剪

根据树形要求，及时进行修剪。以轻剪、疏剪为主，保证留足枝量。春夏秋冬四季修剪，方法各有侧重。

(5) 提高坐果率

提高坐果率就是要防止过多的落花落果，保证一定的产量。落花落果主要是由于营养不足、授粉不良、激素缺乏、环境不利等因素造成的。为了防止和减轻落花落果，提高坐果率，提高产量，应针对落花落果的原因，采取相应的技术措施。

66. 怎样提高保护地果树的坐果率？

防止和减轻落花落果，提高坐果率的针对性技术措施，一是加强综合管理，提高植株营养水平。一方面是提高植株的整体营养水平，同时要通过调节营养的运转和分配，来调节营养生长与生殖生长平衡。这是改善花器发育状况，提高坐果率的物质基础。

二是保证授粉受精，主要措施有：

（1）配置授粉树

保护地栽培多采用自花受粉结实的品种，但杏、李和樱桃等常需要配置授粉树。选择授粉树的条件是主栽品种和授粉品种需冷量大小相近，花期相遇，且能产生大量发芽率高的花粉，与主栽品种没有杂交不孕现象，果实经济价值高。主栽品种与授粉品种的比例一般为 3～4∶1。

（2）人工授粉

保护地栽培由于反季节生产期间没有昆虫传粉，又没有自然风，即使配置了授粉树，也必须进行人工辅助授粉。人工辅助授粉可以选用以下方法：

于铃铛花期采摘花朵，两花相对摩擦取出花药，平摊于光亮的纸上，于室内凉干，散出花粉，置于干燥的玻璃瓶中。使用铅笔的橡皮头沾取花粉，点授到需授粉花朵的柱头上，每花序点 1～2 朵即可。若采用多品种混合花粉进行授粉，效果更佳。

用毛笔在不同品种的花朵间点授，或用小气球、鸡毛掸子在不同品种的花朵间滚动。

人工辅助授粉以当天开花、当天授粉的效果最好，开放 1～2 天花朵的也行。在上午 9～10 时到下午 3～4 时进行。如遇不好天气，应多进行几次。

（3）生物授粉

生物授粉或称昆虫传粉，是借用昆虫进行传粉。一般每 666.7 米^2 日光温室放蜜蜂 1～2 箱，或壁蜂 100～200 头，即可收到良好效果。

（4）调控环境

按照不同树种、不同发育阶段的要求，调控保护地的环境。

重点是温度，开花坐果期的温度是重点的重点，生产上开花坐果期的温度过高、过低和剧烈变化是造成坐果少的重要原因。

67. 保护地果树怎样进行病虫害综合防治?

果树病虫害防治的原则是，以防为主，防治结合，综合防治。综合防治就是植物检疫、农业防治、物理防治、生物防治、化学防治综合进行。以农业和物理防治为基础，以生物防治为核心，按照病虫害发生规律，科学使用化学防治技术，有效的控制病虫危害。

保护地果树是在相对封闭的环境中进行的农业生产。由于设施内的通风量较小、空气湿度大、温度条件适宜并且相对稳定等原因，比较适合病菌以及一些喜湿性害虫的繁殖。另外，由于产业化生产的需要，重茬栽培等现象也比较严重，又为病菌和害虫繁殖提供了充足的营养来源。因此，保护地栽培病虫害往往较露地严重，应采取综合防治措施，从各个环节来杜绝病虫害的发生。具体措施有：

（1）严格消毒

一是生产前对设施内的设备、地面、土壤等进行全面消毒；二是对苗木进行消毒后再进行生产；三是生产过程中，定期对设施进行消毒，对果树喷药保护；四是对发病的植株要进行药物防治，发病严重的植株要拔掉，防止蔓延扩散。

（2）选用抗病品种

选用抗病品种或抗病砧木嫁接苗栽培。

（3）加强综合管理

加强综合管理，使树体健壮，提高抗病虫能力。操作要适时、适当，一些能够造成植株伤口的操作，如整枝、摘心、采收等，应安排在气温较高、空气干燥的晴暖天进行，以使伤口尽快愈合，降低感染率。

（4）控制设施环境

一是减少地面水分蒸发，降低空气湿度；二是进行微量灌溉，降低土壤湿度；三是保持设施内足够的通风量；四是采取垄畦栽培等，防止病害扩散。

（5）把好通风口

设施通风口覆盖防虫网，防止害虫进入设施内。

（6）科学用药

用烟雾法或粉尘法代替喷雾法，避免用药后增加空气湿度。对一些局部病害还可采用涂抹法、浇灌法等微量用药技术。

68. 保护地果树延迟栽培的技术措施有哪些？

果树保护地延迟栽培不是通过任何单一措施能够达到的，必须充分运用各种技术措施，包括环境调控、栽培管理、生长调节物质和生物技术的应用等，并将它们综合协调，才能有效地达到延迟栽培的目的，既能延迟成熟，又能保证果品质量。果树保护地延迟栽培的技术措施如下。

（1）温度控制

温度是决定果树物候期进程的重要因素，温度高低不仅与开花早晚密切相关，而且与果实生长发育密切相关。在一定范围内，果实的生长和成熟与温度成正相关，低温抑制果实生长，延缓果实成熟；温度越高，果实生长越快，果实成熟也越早，但超出某一范围，高温则会使果实发育期延长，延缓果实成熟。

开花前30～40天的日平均温度与开花及花器发育、花粉萌发、授粉受精及座果等密切相关。秋季对梨进行加温处理，可延迟开花并有增产效果，10月份处理比11月份处理好。

在果树栽培实践中，早春灌溉可降低土温，从而抑制根系生长，使苹果延迟开花5～7天，使核果类开花延迟7～8天；早春园地喷水或枝干涂白可降低树体温度，从而延缓果树开花；将盆栽树置于冷凉处，或将树冠覆盖遮荫，或添加冰块、开启制冷设备降温降低温度，也可使开花延迟；植株冷藏抑制栽培技术我国已在草莓和桃树上应用，其原理是把已分化出顶花序和第二花序的秧苗挖起进行冷藏，按计划出库定植，从而可以自由地调整收获期；高温或低温都会造成低需冷量桃果实发育减慢，发育期延长，温度每降低1℃，果实发育期延迟5天。例如，将刚落叶处于深休眠的桃树置于温暖环境（10～20℃）中直至春天温度回升（外界气温高于10℃）时取出置于田间条件下，可使桃树开花延迟50～60天；秋季早霜来临之前覆盖棚膜进行葡萄的挂树活体贮藏也可显著延缓葡萄果实的收获期，一般可延缓50～90天左右的时间。

（2）光照调节

光照与果实的生长发育和成熟密切相关，改变光照强度和光质可显著影响果实的生长发育和成熟。

遮光可抑制果实发育，延迟成熟。梨在果实发育期长时间遮阴可延迟成熟7～15天，延迟效果和遮阴时期有关，并且果实总糖、酸量及硬度不受影响。

葡萄进行叶片遮阴，降低光照强度，可抑制浆果生长，延迟成熟，同时也影响糖积累的时期和积累量，降低总糖和酒石酸的含量，以及苹果酸始熟期前的积累速率、始熟期积累的最大量和始熟期后的转化速率，提高果实中钾（K）浓度和果汁的pH

值。对果实遮阴，则明显减少花青苷的积累。

桃为喜光树种，光照弱不仅延迟了花芽分化期，形成晚花，而且造成花的畸形。

据试验，葡萄从发芽期开始利用能反射紫外线的塑料薄膜进行覆盖，葡萄新梢生长发育旺盛，能够始终保持叶色浓绿，并且果实着色和成熟延迟，大约收获前 2 个月改用普通塑料薄膜覆盖，果实着色进展快速，这样延长了葡萄收获期。

(3) 修剪处理

重剪处理紫花芒果初花期推迟 20 天，盛花期推迟 8 天，原因是推迟了树体碳水化合物的积累期，重剪树果实大小和可食部分比例未受影响，只是产量和商品果率有所下降，通过调整修剪时期、程度和方法能改善重剪处理树的结果状况。

猕猴桃轻度修剪可延迟猕猴桃果实的成熟。

台湾果树的产期调节大多结合修剪技术，如葡萄在枝条管理上要控制枝梢的加长生长，过长时要摘心。

(4) 植物生长调节剂应用

①赤霉素。赤霉素（GA）是广泛存在的一类植物激素，GA_3 是赤霉素的一种。GA_3 可延迟荔枝成熟 4～5 天。可使柑橘成熟期从冬季延迟到 5 月到 8 月。可延迟 Napoleon 甜樱桃果实的软化，延长采收时期。可延迟 Flamekist 油桃成熟，并延长贮藏寿命。

②生长素。生长素是一类含有一个不饱和芳香族环和一个乙酸侧链的内源激素，吲哚乙酸（IAA）是最早发现的促进植物生长的激素。4-氯-IAA、5-羟-IAA、萘乙酸（NAA）、吲哚丁酸等为类生长素。

萘乙酸（NAA）是广谱型植物生长调节剂，可使孟磨兰樱桃的花期延迟 14 天，叶芽萌动推迟 19 天，使桃晚开花 2 天。土施 2，4-D 可延迟李的花期，但严重推迟了叶芽的萌发生长，并使叶片出现药害。施用一种生长素类物质 BTOA50 毫克/升，延迟 Tokay 葡萄 15 天成熟，影响成熟基因表达。

③生长延缓剂和抑制剂。生长延缓剂是延缓植物的生理或生化过程，使植物生长减慢。这是因为它只是使茎部的亚顶端区域的分生组织的细胞分裂、伸长和生长的速度减慢或暂时受到阻碍，经过一段时间后，受抑制的部位即可恢复正常生长。生长抑制剂主要是抑制植物的顶端分生组织的细胞分裂及伸长，或抑制某一生理生化过程。在高浓度下这种抑制是不可逆的。

黑树莓或红树莓春季小叶长到 1 厘米时，用 50～200 毫克/升的青鲜素处理能有效地延迟花期和成熟期，秋施 B_9 能延迟巴梨花期 4～5 天，采前 3 周喷 2 克/升的 B_9 和矮壮素（CCC），可延迟荔枝采收 11 天和 9 天，喷 20 克/升的尿素可延迟 12 天，但会引起果实重量和质量的降低。多效唑（PP_{333}）20 克/升在夏季处理康可葡萄使第二年的花期推迟 3～5 天。

④细胞分裂素。细胞分裂素类物质 CPPU 对提高果树座果、果实膨大、延缓衰老有显著效果，除在猕猴桃上表现促进成熟外，其他果树均表现延迟成熟。在盛花后 10 天施用 CPPU，只有 Moscatual 葡萄延迟成熟，而其他品种无明显效果。

⑤乙烯利和乙烯生物合成抑制剂。秋季或夏季进行乙烯利处理，能延迟各种核果类果树的花期，但浓度过高会造成药害。

(5) 其他措施

适当增加树体负载量、水分氮肥偏多以及水分胁迫都会延迟果实成熟期。

综合延迟栽培技术的研究，可着眼于如何抑制或推迟休眠，春季和夏季使树体处在休眠或被迫休眠状态；如何提早花芽分化，加速分化进程，使其在夏秋季正常开花坐果；如何控制果实发育和成熟过程，并保证较高的产量和优良的品质。

六、苹果保护地盆栽

69. 苹果为什么要进行保护地盆栽?

苹果是世界性果品，据联合国粮农组织（FAO）统计，2007年世界苹果栽培面积492.18万公顷，产量6 425.55万吨。柑橘、香蕉、葡萄和苹果四大果品约占世界水果总产量的2/3。我国是世界第一苹果生产大国，苹果居我国落叶果树之首，2007年我国苹果栽培面积196.18万公顷，产量2 785.99万吨，分别占世界苹果栽培面积和产量的40.6%和42.8%。苹果生态适应性较强，早、中、晚熟品种众多，果实耐贮运性好，可以季产年销，周年供应果品市场，保护地栽培意义不大。苹果盆栽也不是什么新生事物，但是，盆栽苹果居然卖出高价，这里面有一个科技含量，那就是保护地反季节栽培。

苹果保护地盆栽，受到了休闲农业、城市农业、观光旅游及园林绿化等事业的欢迎和重视，它的发展与流行，是我国社会经济与人民生活水平提高的标志，也是劳动人民追求生活美、环境美的特写。农村庭院、房前屋后、城市阳台、会议室、宾馆等，可随处摆放；由于造型美观、挂果时间长，而且管理方便，还可以走进超市，摆上柜台，既装点门面又能提高经济效益。

苹果保护地盆栽，为农民致富的好项目。农户生产，666.7米^{2}可摆放直径26～33厘米的盆1500～2 000个，每盆结果2.5～4.0千克，666.7米^{2}产果5 000千克以上。直径40～60厘米的盆可摆放 400～500 个，每盆结果 10～15 千克，666.7 米^{2}产量都在 5 000 千克以上。第一年栽树，第二年有一定的产量，第三年即丰产。盆栽的苹果，管理得当，可连续丰产 10 年以上，666.7 米^2 效益少则几万元，多则十几万元或几十万元。再采用提早延后方法生产，经济效益又能翻一番。更有甚者，北京平谷区南独乐河镇新农村村民宋华兴一盆 17 年树龄的盆栽苹果，卖出了 3.98 万元的高价。

70. 苹果对环境条件有什么要求？

苹果对环境条件的要求主要包括对农业气候条件、土壤条件和其他环境条件的要求。

(1) 温度

苹果喜冷凉气候。适宜年平均温度为 7～14℃，但以 9～14℃生长结果更好。生长季均温 12～18℃，6～8 月均温 18～24℃。冬季最低旬均温低于－12℃发生冻害，低于－14℃死亡，不同品种间抗寒性差异很大。根系活动需 3～4℃，生长适温 7～12℃；芽萌动 8～10℃，开花 15～18℃，果实发育和花芽分化 17～25℃；需冷量为≤7.2℃低温 1 200 小时。在果实成熟季节，日较差是决定果实品质的重要条件，优质苹果不仅需要大于 10℃的日较差，更需要较低的夜温，夜温低于 17℃时，红色才能充分发育。

(2) 光照

苹果喜光，要求年日照时数 2 200～2 800 小时，年日照＜1 500小时或果实生长后期月平均日照时数＜150 小时，会明显影响果实品质，若光强低于自然光照 30％，则花芽不能形成。

(3) 水分

年降水量在500～800毫米，而且分布比较均匀或大部分在生长季中，即可基本满足苹果生产需要，但春季干旱应灌水。年周期中，新梢快速生长期（5月份）和果实迅速膨大期（6月下旬～8月份）需水多，应保证供应。

(4) 土壤

苹果对土壤的适应范围较广，并可利用不同砧木，在pH值5.7～8.2的范围内正常生长。但丰产栽培要求土层深厚，活土层在60厘米以上；土壤肥沃，有机质含量在1.0%以上；地下水位在1.5米以下；土壤pH6.0～7.5，总盐量在0.3%以下；沙壤土和壤土最好。苹果对土壤通透性要求较高，当根际的氧气含量低于10%时，根系生长受阻；如CO_2含量积累至2%～3%时，根系生长停止。

71. 苹果适合保护地盆栽的优良品种有哪些?

全世界苹果品种有10 000个以上，我国各地从国外引进和选育的栽培品种有250多个，而生产上用于商品栽培的主要品种有20个左右。为了研究和应用上的方便，人们常按照成熟期、生长结果习性、色泽、血缘关系及用途等标准分别将苹果分成不同类型。果树生产上使用较多的是按果实成熟期将苹果品种分为特早熟、早熟、中熟、中晚熟和晚熟品种；按照生长结果习性不同分为普通（乔化）品种和短枝型（矮生）品种；根据亲缘关系分为富士系、元帅系、金冠系等。目前进行苹果保护地盆栽的优良品种不是很多，促早栽培适宜的有早熟品种七月鲜，延迟栽培适宜的有晚熟品种寒富。

(1) 七月鲜

辽宁省果树所用佚名大苹果与铃铛果杂交育成，原代号 K9，1958 年命名，2006 年通过辽宁省非农作物品种备案。

果实卵圆形。平均单果重 50.7 克，最大果重 82 克。果皮红色，鲜艳美观，果面光滑，富光泽。果皮薄脆，果心大。果肉黄白色，肉质中粗、脆，汁液多，风味甜酸，有香气，可溶性固形物含量 13.94%，可溶性糖 10.94%，可滴定酸 1.22%，维生素 C 含量 0.187 5 克/千克，品质中上。辽宁熊岳地区 7 月下旬至 8 月中旬果实成熟，果实成熟期可持续 10～15 天。

树势强健，幼树生长直立，结果后渐开张。萌芽力中等，成枝力弱，枝条稀疏。栽后 3 年开始结果，初结果以腋花芽结果为主，后转为中、短果枝结果为主，可连续结果。丰产、稳产性好。抗寒、抗病能力强。授粉品种为金红、龙丰、龙冠等适宜当地栽培的品种。

(2) 寒富

沈阳农业大学用东光和富士杂交育成。

果形端正，美观，平均单果重 250 克，盆栽单果重超过 500 克。果皮全红。果肉淡黄，酥脆多汁，含糖量、含酸量、糖酸比值及维生素 C 含量均高于富士，酸甜适度，风味浓佳，硬度高，有香气。通过盆栽，果皮更红，香味更浓，含糖量明显增加。果实成熟期比富士早 20 多天。果实比富士耐贮藏。

短枝型，节间短，枝条粗壮，短枝率高，萌芽率高。以短果枝结果为主，腋花芽结果高达 54.2%，自花结实率高。宁丰、寒光等可作授粉品种。丰产稳产，栽后第二年就有一定产量，3 年丰产。盆栽 666.7 米^2 产量超过 5 000 千克。适应性强，抗寒能力强。盆栽如不采摘，永不落果，延迟栽培一冬树上有鲜果，不变质，不退色。

72. 苹果保护地盆栽怎样栽植?

苹果保护地盆栽，栽植技术要点如下：

(1) 容器的选择和处理

苹果保护地盆栽，选择透气性良好的瓦盆比较适宜。第一年选直径26～33厘米的花盆，盆底打手指粗细的孔6～7个，以利通气。用50%多菌灵800倍液浸泡24小时后，装营养土栽苗。结果1～2年后换大盆，规格40～60厘米。

(2) 营养土的配制

盆栽苹果所需要的肥水营养几乎全部由盆中的营养土供应，因此，非常重要。营养土配制因地制宜，就地取材，但要合理，能够满足苹果生长发育所需水、分、气、热的要求为原则。

推荐营养土配方如下：

营养丰富的园土、干净的河沙或炉灰渣、充分腐熟的鸡粪各1/3，将三者充分混匀。

沙、黑土、马粪各1/3，加入100～150克腐熟鸡粪面。

大田表土2份，腐熟后碎柴草1份，珍珠岩1份，牛马粪1份。

陈稻壳2份，园土1份，厩肥1份。

(3) 栽植的时期

一般是春栽，时间在3月下旬至4月上旬。

(4) 栽植的方法

先用一小块瓦片盖在栽培盆底部的排水孔上，填上一层营养土，形成中部略高的馒头形。将根系修剪好的苹果苗置于盆中，再填营养土，边填边压实，填至距盆沿2～3厘米处即可。上盆完毕后，浇一次透水。

73. 苹果保护地盆栽怎样进行肥水管理？

(1) 适宜肥水的判断

盆栽苹果，肥水管理是决定产量、质量的主要因素，是取得效益高低的关键。大量生产，必须专人负责，认真管理，经常观察，发现叶片萎蔫，已是严重缺水。叶片肥大浓绿，说明肥水适度；心叶有发黄现象，说明水浇得过勤，应及时调正。

(2) 浇水

苹果灌水主要根据树体本身的需求，结合天气和土壤状况进行，满足不同物候期对水分的要求。所以，灌水要“三看”：看天、看地、看树。根据天气进行灌水，充分利用自然降水资源，可以减少费用开支。有雨情可以先不浇水，天不下雨，苹果什么时候需水什么时候灌水。一般土壤含水量为60%～80%适宜苹果的生长，土壤含水量小于60%就应考虑灌水。土壤的含水量可以用仪器测定，也可以凭经验来大致地判断。可取盆中土壤，壤土或沙壤土用手紧握能形成土团，再挤压时土团不易碎裂，说明土壤湿度约在最大持水量的50%以上，一般不必灌水，如果手松开后不能形成土团，则说明土壤湿度太低，需要灌水。大树比小树需水多；一年中，生长期需水多，休眠期需水少；生长前期需水多，后期少。萌芽期、花期、果实膨大期要及时补充水分，6月份为促进花芽分化，要适当控水，7～8月雨季要少浇水。另外，灌溉水的质量要符合标准。

夏季高温季节水分蒸发量大时，1～2天浇1次水。春、秋两季，可根据盆中土壤情况，2～3 天浇水 1 次。一般情况下，春季较秋季灌水次数多一些，雨季可不用灌水或少灌水。如浇水后遇大雨，应将花盆放倒防雨，确认天晴再扶起。

盆栽苹果的浇水应掌握“见干见湿，浇则浇透”的原则，避免浇半截水，不要大水灌浇，重复浇，以免冲淡盆中营养，浪费粪肥或沤根。总之，水多、水少都不适宜盆栽果树的生长，一定要正确掌握。

(3) 施肥

肥料种类以有机肥为主，一般选用发酵的有机肥进行追肥，如鸡粪、猪粪、羊粪等。

施肥时间，从 5 月份开始，盆栽果树施肥要本着少施勤施的原则进行。

施肥量方面，盆栽果树要看果、看叶施肥，叶小果多应多施，反之少施。还要根据盆的大小，26～33 厘米的盆，每盆施尿素 4～5 克为宜，施复合肥略增，农家肥 150～250 克，大盆倍增。施肥后及时浇水。

每年追肥 5～6 次，花前、花后各 1 次，果实发育期 2～3 次，摘果后 1 次。前期应以氮肥为主，后期磷、钾肥应多一些。生长季喷施叶面肥，前期喷 0.2%～0.3%尿素，后期果实着色时喷 0.2%～0.3%磷酸二氢钾 3～4 次，间隔 10 天。叶面喷肥最好选阴天或傍晚，以利吸收。

也可以用水缸沤制豆饼水的方法，即按 0.5 千克豆饼兑 5 千克水的比例置于水缸中，用塑料布封好缸口进行充分发酵后使用，夏季发酵时间较短，春秋季需要时间稍长些。从 5 月份开始，每 10 天左右追施液肥 1 次，以 200 倍液有机饼肥为主，尿素、磷酸二铵、硫酸铵等各 0.2%的无机液肥为辅。

74. 苹果保护地盆栽怎样整形修剪?

(1) 观赏型

植株栽后剪留30～40厘米定干，距盆10厘米发出的新梢长到15厘米时，留8～10片叶摘心，摘心后发出的新梢留2～3片叶再次摘心，以后再发出的新梢留8～10片叶摘心，一年摘心数次。但进入7月中旬停止摘心，以免秋季发出的新梢当年不能成熟。造型树形有三角形、半圆形、直立多枝形、宝塔形、扇形、随意形等。除保持调整美观树形外，还应尽量提高结果量和果品质量。

(2) 生产型

植株栽后剪留80～100厘米定干，多参考露地生产的苹果树形，以双层5主枝或纺锤形为好。主枝长到30～40厘米进行摘心，二次、三次新梢可在20～30厘米处摘心。生长期疏除过密枝、竞争枝、并列枝、徒长枝。疏枝宜早不宜晚，应在枝条木质化前进行。对结果树的修剪，应在树体休眠后进行，结果枝多宜留1/2，或1/3剪掉，剪除过密小枝，逐年扩大树冠，向加强主枝负载量的大树形努力。要均衡树势，让其结果枝组布满空间，使树体健壮优美。

75. 苹果保护地盆栽怎样促花?

平时讲的所谓促花，就是促进花芽形成。苹果保护地盆栽，树形优美是基础，多结果、结好果是关键。结果是以形成良好的花芽为基础。花芽形成受内部因素与外部环境条件的综合影响。首先，花芽分化时芽内生长点必须处于生理活跃状态，并且细胞仍处在缓慢分裂状态，因此，苹果新梢处于停而不休、长而不伸时进行花芽分化。其次，必须有充足的营养物质，在足够的碳水化合物基础上，保证相当量的氮素营养，C/N 比适宜，才有利于花芽分化；并且受调节物质和遗传物质，如激素、酶、DNA、RNA 的控制。再就是环境条件，大多数北方果树的花芽分化适应长日照的环境条件；在相对高的温度下分化花芽，但长期高温或低温不利于花芽分化；适度的干旱可使营养生长受抑制，碳水化合物积累，落脱酸相对增多，有利于花芽分化。所以，落叶果树分化始期与盛期大致与一年中长日照、高温和水分大量蒸发的条件相吻合。创造适宜花芽分化的条件，就能促进花芽的形成。促进花芽的形成生产上可采取以下措施：

(1) 扭梢与折梢

苹果保护地盆栽促花的主要措施是扭梢与折梢。盆栽苹果要想结出较多较好的苹果，每年新梢长到 10～13 厘米，处在半木质化状态时，必须进行旺枝扭梢和折梢。将新梢中上部半木质化部分扭曲下垂，这叫扭梢；将新梢折伤而不断，叫做折梢。生长季叶片制造的营养通过韧皮部向输送，根系吸收的水分通过木质部向叶片输送。扭梢与折梢可以阻碍养分、水分运输，根系得到相对较少的营养，新梢得到相对较少的水分，从而削弱树势，使新梢停止生长；营养集中在扭伤、折伤以上部位，有利于新梢顶芽形成花芽。通过扭梢和折梢结的果，一般个大、质优，尤其是顶花芽结的果非常大，有的超过 500 克。疏果时注意多留。

(2) 环割

环割是用利刀在枝上横切一周，深达木质部，切断韧皮部的疏导组织。环割一般在萌芽后进行。其作用是抑制割口以上部位的营养生长，促进其有机养分的积累，有利于枝条的健壮和花芽分化。也可进行多道环割，间距 1 厘米左右，可显著地增加中短枝的比例，有利于花芽分化。

(3) 拉枝与拿枝

拉枝、拿枝软化等夏剪措施，一般在花芽分化前进行。拉枝、拿枝软化等都是缓和树势，抑制新梢生长，促进花芽分化。

(4) 控水

适度干旱可有效的控制营养生长，促进树体的营养积累并向生殖生长进行转化。处理时期是6月中旬以后，当先端嫩枝、嫩叶出现萎蔫后再浇水并如此反复进行。一般处理20天以上。这种方法对促发中短枝和形成花芽有明显效果。

(5) 使用生长调节剂

使用抑制新梢生长的化学药剂，如乙烯利、B_9、矮壮素、多效唑（PP333）等可明显的抑制营养生长，促进花芽形成，适用于生长健旺的盆树，使用时期以新梢迅速生长前期为好。

76. 苹果保护地盆栽怎样进行人工授粉和疏花疏果?

(1) 人工授粉

一种方法是，铃铛花期采摘花朵，两花相对摩擦取出花药，平摊于光亮的纸上，于室内阴干，散出花粉，置于干燥的玻璃瓶中。使用铅笔的橡皮头沾取花粉，点授到需授粉花朵的柱头上，每花序点1～2朵即可。若采用多品种混合花粉进行授粉，效果更佳。

另一种方法是，用毛笔在不同品种的花朵间点授，或用小气球、鸡毛掸子在不同品种的花朵间滚动。

人工辅助授粉以当天开花、当天授粉的效果最好，开放1～2天花朵的也行。在上午9～10时到下午3～4时进行。如遇不好天气，应多进行几次。

(2) 疏花

疏花宜早不宜晚，花芽萌动前，剪掉特多的腋花芽，超量的枝条，这就是疏芽。也可在花期去掉枝上多余的花，这是疏花。疏花时每花序应留中间花和第一边花。尽量保护短枝上的顶花芽上的花。

(3) 疏果

果实黄豆粒大时，进行第一次疏果；第二次应在果实山楂大时进行，此时为定果。定果后立即套袋。套袋能改善果品外观，使果皮光滑美观，色艳，减少打农药的次数，防止污染，增加优质果比例。

77. 苹果保护地盆栽早熟品种怎样进行温度管理?

在自然条件下通过自然休眠后，将盆栽苹果搬到温室里，时间在辽宁沈阳地区为1月上旬。温室温度白天最高10℃，夜间0℃左右，每天温度可增加1～2℃。花前最高温度不超20℃，花期温度控制在17～18℃。花期一般持续10天左右，坐果后温度逐渐提高，白天25～28℃为宜，最高不超过30℃。高温35℃对多种植物都有害，应避免高温发生。昼夜温差10～15℃为宜。当露地栽培苹果有大量新叶时，温室盆栽苹果可通风锻炼，白天将塑料薄膜卷起1/3或1/4。5～7天后揭去塑料薄膜，在露天条件下生长，同露地栽培苹果温度相同。

78. 苹果保护地盆栽晚熟品种怎样进行延迟管理?

苹果晚熟品种寒富，通过延迟栽培的技术措施延晚开花，第一年果实的成熟期只能延迟到 11 月中旬或 12 月上旬，如需再晚熟，就要做延晚训化处理。

延晚训化，或叫延叶生长，其方法是：摘果前尽量保持花盆土壤湿润，温度保持在 10℃以上，不让叶片脱落，即使摘掉果，也让叶片继续生长，直至叶片脱落方可让其休眠。每年至少延叶生长半月以上，这样连续 2～3 年，晚熟品种的成熟期就可延迟到元旦以后了。晚熟品种越晚熟，越受人们欢迎，经济效益越高。

79. 苹果保护地盆栽怎样防寒越冬？

盆栽苹果越冬，一方面要求 7℃以下的低温期 50 天以上，以满足其对休眠的要求，同时又应避免温度过低造成冻害。一般－5℃以下时，根系发生冻害。因此，华北地区，埋土防寒是盆栽苹果安全越冬的简便有效措施。但要注意，采用此法越冬时，部分树体营养积累少的弱树和抗寒性差的品种易发生抽条现象。

具体方法：大规模生产，可以就地挖宽 4～5 米，深 0.4 米的沟，长度根据栽培数量而定，以东西方向为宜。挖出的土堆在四周形成土墙，把盆栽果树紧密排放在沟里，盆内浇足水，沟上覆盖塑料布和草帘。

80. 苹果保护地盆栽怎样防治病虫害？

(1) 病虫害综合防治

盆栽苹果病虫害发生较轻，便于防治。在其生长期多易发生的病虫害主要有红蜘蛛、蚜虫、食心虫和褐斑病。早春喷施 3 波美度（°Be）的石硫合剂，6 月下旬～7 月上旬喷施杀虫杀螨剂，7 月中旬～8 月初喷施多菌灵和菊酯类杀菌、杀虫剂进行综合防治，防治时要使用无公害农药。

如遇其他病虫害，可按照露地生产的苹果病虫害进行防治。

(2) 苹果腐烂病防治

苹果腐烂病主要危害主干及枝条的皮层，症状为树皮腐烂，由褐色转红色，有酒糟味。

防治方法：以预防为主，严防树体冻害，严防营养土黏重，切忌浇水过多。药剂防治，树体发芽前寻找病斑，用刀刮除病组织，于病疤处抹腐烂敌、腐必清等，半月1次，共2次。

(3) 苹果轮纹病防治

苹果轮纹病危害枝干及果实。果实近熟期较重，初期为褐色小圆点，小病斑周围呈现红褐色晕圈，逐渐扩大，呈轮纹状。

防治方法：加强生产管理，合理施肥。药剂防治，幼果期喷50%多菌灵700倍液或福星800倍液。采收后，果实立即进低温库保存，一般在1℃左右条件下保存，较少发病。

(4) 蚜虫防治

防治蚜虫，展叶前喷10%吡虫啉2 500～5 000倍液预防，坐果初期再喷1～2次。新梢旺长期注意观察，发现蚜虫可喷3%啶虫脒2 000～3 000倍液和40%蚜灭多1 000倍液。

(5) 红蜘蛛防治

防治红蜘蛛，萌动前喷3～5波美度石硫合剂，坐果后及新梢旺长期，气温高时喷5%尼索朗2 000倍或20%螨死净2 500倍液。喷药时要把药喷在叶背面上，要求全树叶片均着药。

七、梨保护地栽培

81. 梨为什么要进行保护地栽培？

梨保护地栽培主要是提高经济效益，果实提早成熟，调节果品市场供应，实现优质、新鲜和无污染果品生产。除此之外，各地主要是根据实际情况解决生产中遇到的问题。

如浙江省温岭市采用连栋塑料大棚栽培翠冠梨，比露地栽培提早成熟期 20～30 天，同时提高了品质，避开了台风的影响，解决了上市集中问题，大大提高了市场竞争力和经济效益。辽宁省大连市旅顺口区进行特色品种伏巴梨保护地栽培，解决其后熟期短，后熟后很难贮藏，货架期短，很难长期供应市场的难题。辽宁农业职业技术学院进行了梨温室栽培，实现当年栽植、当年结果，并且把成熟期控制在 4 月底至 5 月份的突破。

82. 梨对环境条件有什么要求？

梨的栽培品种，依据来自不同的种，分为秋子梨系统、白梨系统、砂梨系统、西洋梨系统、新疆梨系统等，不同系统的品种，形态特征、生态特征不同，对环境条件要求各异。

(1) 温度

秋子梨、白梨、西洋梨多在北方栽培，部分白梨可在南方栽培。砂梨适于多雨、温暖气候，多在南方栽培。

梨的根系在温达0.5℃以上时开始活动，6～7℃时生长新根，21.6～22.2℃生长最快，超过30℃或低于0℃时停止生长。设施内气温达到6～8℃时，花芽开始萌动，开花始期要求温度在12℃以上，14～15℃以上的气温连续3～5天，梨花即盛开；花粉发芽最适温度为25～27℃，花粉管伸长的最适温度为27～30℃，在15～30℃的范围内，温度越高，花粉管伸长越早，完成受精的时间越短，低于4～5℃时花粉管受冻。花芽分化以20℃左右气温为最好。

梨冬季一般要求低于7.2℃的低温800～1 200小时才能打破休眠。

(2) 光照

梨是喜光树种，要求年日照时数需要1 600～1 700小时。在一定范围内，随日照时数和光照强度的增加光合作用增强。所以，栽培梨树时确定适宜栽植密度，选用良好树形，控制树体高度和冠幅，维持单位面积上的一定枝叶密度，都是保持梨树有良好通风透光条件的要求。

(3) 水分

由于梨的种类不同，耐干湿程度及对水分的要求也不一样。砂梨需水量最多，较耐涝。白梨和洋梨比砂梨需水量少。秋子梨需水量最少，较耐旱。梨树耐旱、耐涝性均强于苹果，但久雨、久旱对梨生长不利。

(4) 土壤

梨树对土壤的适应性强，栽培比较容易，不论山地、滩地，还是沙土、黏土均可栽植，但土壤过于瘠薄时，果实发育受阻，石细胞增多，肉质变硬，果汁少而风味差。应尽量选择土层深厚，土质疏松，透水和保水性能好，地下水位低的沙质壤土栽植。梨树对土壤酸碱适应性较广，pH 在 5～8.5 范围内均能正常生长，以 pH6～7 为最适宜。梨树耐盐碱性也较强，土壤含盐量在 0.2%以下生长正常，达 0.3%以上时，根系生长受害，生育明显不良。一般杜梨耐盐碱，而砂梨和豆梨适应酸性土壤。

83. 梨保护地栽培如何选配品种？

梨树保护地栽培主要目的是提前梨果成熟期，提早上市，因此应选择适合当地栽培的最早熟的优良品种，如七月酥、早美酥、中梨 1 号、华酥、翠冠、西子绿、早金酥、伏巴梨等。也可采用早中熟梨品种，如红太阳、幸水、新世纪等。但也不能过早成熟，因为过早成熟，一些晚熟品种可以通过冷库贮藏等方式来供应市场，成熟期在 4 月中旬至 5 月中旬为宜。

从各地保护地栽培的情况看，可以选择下列品种。

(1) 七月酥

中国农业科学院郑州果树研究所育成，亲本为幸水×早酥。

果实卵圆形，整齐，平均单果重 220 克，最大果重 650 克。果皮绿黄色，薄而光滑，贮后金黄色，果点较小而密。果肉乳白色，肉质细，松脆多汁，石细胞少，果心小，可溶性固形物含量 12%～14%，微具香味，风味酸甜适口。7 月上旬成熟，不耐贮运，室温下贮放 7 天后色泽变黄，肉质变软。

幼树生长旺盛，分枝少，定植 3～4 年始果，进入盛果期树势变缓，以短果枝结果为主，丰产性一般。适应性广，抗旱，抗病性中等，易感褐斑病及轮纹病。

(2) 中梨 1 号

又名绿宝石，中国农科院郑州果树研究所用日本梨新世纪为母本，早酥为父本杂交培育而成。

果实近圆形，果形正。平均单果重 220 克，最大果重 450 克。果皮翠绿色，采后 15 天鲜黄色，果面较光滑，外观美。果心中等大，果肉乳白色，肉质细脆，石细胞少，汁液多，含可溶性固形物 12%～13.5%，总糖 9.67%，甘甜可口，有香味，品质上等。果实 7 月上中旬成熟，货架期 20 天，冷藏条件下可贮藏 2～3 个月。

早果丰产，栽后第二年开花挂果，第三年株产约 11 千克，第四年株产 20.5 千克。在南方高温多湿地区发展时，由于易染黑斑病应加强防治。

(3) 翠冠

浙江省农业科学院园艺研究所以幸水×（新世纪×杭青）杂交选育而成。是我国南方砂梨栽培区的主栽早熟梨优良新品种。

实近圆形，平均单果重为 230 克左右，最大果重 800 克以上。果皮光滑，底色暗绿，缺点是果实外观易生果锈，套袋后可以改善外观。果肩部果点稀而果顶部较密且小，萼片脱落。果肉白色，肉质细嫩且脆，汁多味甜，含可溶性固形物 11%左右。海宁市初花期在 3 月底至 4 月初，果实生育期 105～115 天，7 月份果实成熟。适时采收是保证其品质的关键，充分成熟的翠冠果实品质反而下降。

树势强。花芽形成能力中等，徒长枝也易形成花芽，坐果率高。抗性强。

(4) 伏巴梨

西洋梨系统中一个较好的早熟品种。在一些地区成为栽培的一个特色品种。

果实葫芦形，平均单果重 182 克，最大单果重 385 克。果皮绿黄色，阳面有浅红晕，果面光洁，有光泽，果点小，不明显，与普通巴梨相比，果锈少，锈果率低，葫芦颈长，皮薄。果梗长，梗洼浅狭。果肉白色，细腻，石细胞少，果汁多，含可溶性固形物12%～13.5%，品质上。果实硬度大，果实后熟变软，食用更佳，但不耐贮运，货架期一般3～5天。果实7月上中旬成熟。

(5) 早金酥

辽宁省果树科学研究所以早酥为母本，金水酥为父本杂交选育而成。

果实纺锤形，平均单果重240克。果面绿黄，光滑，果点大小中等，密，果柄长，梗洼浅，萼片脱落或残存。

该品种无花粉，须配2个以上授粉品种。果实发育期100天左右。栽后第2年开始结果，3年生株产平均3.7千克，4年生21.8千克，5年生25.4千克。

梨多数品种自花结实率低或自花不结实，甚至根本无花粉，为了保证正常结果，必须严格配置授粉树（表14）。授粉品种与主栽品种的比例可采用1∶1，如果授粉品种为一般品种，可采用1∶4～8，为了便于管理，可采用行列式，即分行按比例种植。

表14　梨授粉树品种配置

主栽品种	授粉品种
七月酥	早酥、早绿、中梨1号、八月酥、早美酥
中梨1号	黄冠、中梨1号、新世纪
早美酥	早酥、新世纪
华酥	中梨1号、早美酥、早酥
伏巴梨	绿宝石、谢花甜
早金酥	华酥
红太阳	中梨一号、华酥、早酥

84. 梨保护地栽培怎样栽植?

(1) 栽植时间

栽植时间依气候条件而确定，可秋季定植，也可春栽。

(2) 苗木准备

新建梨园应选择枝芽饱满、根系发达、无病虫害、高度在80厘米以上的苗木。苗木数量按栽植要求株数多留10%～15%的预备苗，集中假植，以备补苗。栽前进行苗木分级，甩掉病、弱苗；修剪根系，剪掉有伤、病的根、萌蘖及嫁接口残留的塑料条，修剪根系，有利于促发新根；放入水池中浸泡12～24小时，使苗木充分吸水；蘸泥浆，也可栽前用ABT生根剂浸根。

如果栽大苗，选择露地栽培的已经进入结果期的3～4年生，树形比较好的纺锤形大树进行移栽定植。

(3) 栽植密度

梨树绝大多数品种发芽率高，成枝力低，定植后1～2年内发枝量少，树冠形成较慢，所以要合理密植，达到既能提高前期单位面积产量和效益，又能持续丰产的目的。通常生产上多采用株行距1～2米×1～4米，具体情况根据品种特性和整形方式而定。

(4) 栽植方法

挖宽、深各0.8～1米的沟，采用南北行，挖沟时表土和底土分别放在沟的两边，然后将备好的秸秆、杂草等有机物填入沟底，厚度为20～30厘米，再按每米沟长施优质腐熟有机肥100～150千克与表土混合后填入沟内，灌水沉实，如果土壤粘重或沙性强，可采用换土的方法加以改良。

苗木定植时，挖一个直径30厘米、深30厘米的栽植坑，把处理好的苗木放在坑中央，用潮湿的细表土埋好苗根，用手轻轻向上提一下，使根系舒展，不窝根。栽植深浅要适宜，嫁接口与地面齐平。在树两边离树 50 厘米处修好条畦，植后浇足水。水下渗后，逐棵检查，将苗扶正，并将裂缝填平封掩。进行定干，定干后树下覆盖地膜，保墒增温。

低洼地建园，要选择地势平坦、土层深厚、排灌方便的平地。按 3.5～4 米宽度作畦栽植，每隔 2 畦开一条深沟排水。

85. 梨保护地栽植后如何管理?

(1) 定干

设施栽培梨树定干不宜过高，因棚高有限，但过低发枝少，不利于树冠的培养，影响早期产量。最佳高度为 30～40 厘米，并根据棚面的高低，形成一定的坡度，还要根据品种特性和树形灵活掌握。

(2) 扶苗补苗

梨苗栽后，要经常进行巡园检查，加强管护，防止人、畜践踏，努力提高成活率和保存率。发现倾斜苗要及时扶正重新培土踩实，有丢失和死苗的要及时补齐，及时抹芽除萌，促生新根和枝干加粗生长。

(3) 土肥水管理

梨树发芽后结合施人粪尿再灌一次透水。施足基肥的基础上，主要采用叶面喷肥的方式补充梨幼树生长发育所需的营养元素。一般萌芽期至 1 次梢停梢期，每 7～10 天喷施 1 次叶面肥料，以后每 15 天喷肥 1 次。前期以氮素为主，后期以磷钾为主。

秋季在株间和行间开 30～40 厘米的沟，施入厩肥、土肥等优质有机肥，并适量混入过磷酸钙和氮肥。从而提高秋季贮藏营养水平，充实花芽，增强越冬能力。

并做好防病治虫、中耕除草等工作，保证苗木生长健壮。

（4）整形修剪

按照树形要求，选留骨干枝。到5月花芽形成期，将梨树抽发的新梢拉成水平状，促使形成花芽，翌年就能开花结果。

86. 梨保护地栽培何时扣棚？

覆膜时间应依据设施条件和品种的特性而定，一般于12月中旬至1月上中旬覆膜。日光温室有较好的保温、加温设施，采光设计合理，能保证梨树在发芽、开花和果实发育期的温度，可以较早覆膜；塑料大棚在没有加温、保温措施的条件下，不能有效的控制棚内温度，特别在花蕾期，当气温降低时，会使花器受到严重的冻害，覆膜时间应晚。成熟期早的品种可适当早覆膜，而中熟品种可稍迟覆膜。

促进梨树休眠，于11月中、下旬开始扣棚，盖草苫，白天放下，晚上卷起。保持设施内温度在7.2℃以下。

87. 梨保护地栽培怎样整形修剪？

梨树保护地栽培的树形应根据设施结构、株行距来确定，通常采用纺锤形、Y字形、自然开心形。

（1）纺锤形

纺锤形适宜密植园。有中心干，中心干上配备主枝，基本上自然分布，主枝下大上小，下长上短，下密上稀。同纺锤形类似的是主干形，不同的是主干形中心干上直接着生结果枝组。

(2) Y字形

株行距为1～1.5米×2～3米时可采用此树形。整形不留中心干，仅留两大主枝呈Y形对称分布，每一主枝两侧再配置2～3个结果枝，作为全树的结果部位。该树形树冠形成快，结果早，管理操作方便，受光量大。

(3) 自然开心形

栽植密度为2米×3米可采用该树形。其树形无中心干，主干上均匀分布3～4个主枝，再在每一主枝上配备2～3个结果枝组。该树形树冠形成较快，树体光照条件好，投产早，树冠所结果实几乎同在一个水平面。

(4) 修剪

骨干枝按照树形培养，注意开张角度，平衡主枝间的势力。在基本完成树冠扩大的基础上，迅速从营养生长转化成生殖生长，是梨幼年树整形修剪的主要目标。非骨干枝利用拉枝、拿枝、扭梢等，缓和生长，促进成花。甩放与回缩相结合，培养结果枝组，复壮弱枝。疏除过密枝、交叉枝、重叠枝。达到高度中心干及时落头，保证上层枝离棚顶不少于40～100厘米。

88. 梨保护地栽培开花期怎样管理?

(1) 抹芽

抹除与生长结果无关的芽，包括易抽生徒长枝的芽和萌发较迟的芽。早春芽萌动后，即在芽长2～5毫米时抹去，抹芽越早越好，以减轻树体贮藏养分的损失，保证开花结果得到充分的养分。

(2) 疏花

在花量大的情况下首先结合冬剪疏去过量花芽。在花蕾分离至开花前进行疏花蕾，以花蕾露出时最佳。此时用手指将花蕾自上向下压，花梗即可折断。疏蕾时应保护花序中长出的幼叶，因这部分叶展叶早，是早期形成全树叶面积的基础。疏蕾标准一般按 20 厘米左右保留 1 个花序。弱枝少留，壮枝多留；疏弱留壮，疏小留大；疏密留稀，疏腋花芽，留顶花芽；疏除萌芽过迟的花蕾；疏外留内。

(3) 授粉

梨自花结实力差，可采用放蜂和人工授粉，提高坐果率。

人工授粉，可选购亲和力强、发芽率高的优质花粉或采集花粉在梨初花期至盛花期进行人工点授。授粉时间应在开花后 7 天内，愈早愈好，前 3 天授粉坐果率最高。一天中，上午 9～10 时适宜授粉，或在设施内温度 15～30℃时进行，效果最佳。授粉时每 1 花序点授 1～2 朵花即可。设施栽培花期整齐度较差，应多次授粉。

(4) 清除花瓣

设施内空气湿度大，风力弱，谢花时花瓣容易黏附幼果和叶片，极易造成幼果畸形和叶片腐烂。除在晴好天气加大放风力度，促进自然脱落外，遇连续阴雨天气应人工摇晃枝干使花瓣脱落，对已经黏附在幼果和叶片上的花瓣要及时清除。

89. 梨保护地栽培果实怎样管理?

(1) 疏果

疏果在确认坐果后即可开始，一般分两次进行。第一次疏掉所有花序的多余果，都留单果。第2次紧接着第1次疏果进行，疏掉梢头小果、畸形果、位置不佳果、病虫果等，采用“距离定果法”，根据不同品种果实大小，每隔15～25厘米留一果形端正、下垂边果。

(2) 使用生长调节剂

采用以赤霉素为主要成分的植物生长调节剂，如中国农业科学院郑州果树研究所研制的梨果早优宝和浙江大学果树科学研究所研制的梨果灵，均可明显促进梨果实的生长发育。如翠冠品种，在幼果期涂抹果柄，可增加单果重30%左右，提早成熟期8天以上，对果实品质无不良影响。处理时间以盛花后10～35天为宜。

(3) 套袋

疏果后套袋，愈早愈好，套袋前7天对梨树全面喷布1次杀菌剂，以清除附着在果实上的病菌。纸袋以双层袋和黄色单层袋为佳，套袋时间一般在谢花后15～45天内进行。

如翠冠品种，容易形成果锈，一般采用2次套袋，即用小白袋外加大袋，最好选用日本进口的小白袋和双层黄袋，果皮为青绿色，能有效防治果锈。如要生产白色果也可选用日本内层黑色外层褐色果袋，但果锈比前者要多些。套袋时间越早越能减少果锈发生，小白袋一般在开花后2周开始套袋，必须在第三周结束。由于此时梨果幼嫩，套袋时袋口要浸湿使其柔软，避免机械伤引起果锈。小白袋套袋后25～30天内套好大袋，避免果实撑破小袋。

(4) 控制新梢生长

由于设施内高温多湿，梨树生长往往过旺。采用自然开心形的梨树，当新梢长到30～40厘米，如有利用空间时，将其拉平，促进花芽形成，培养成结果枝；无生长空间时，采用扭梢控制生长，或新梢长度达20～30厘米时，树冠叶面喷布15%多效唑750～1 000毫克/升，控制新梢旺长，同时，有利于增加叶片厚度和叶绿素的含量，提高叶片的光合作用能力。

（5）采收

根据果实成熟度和市场需求适时采收。成熟期不一致时宜分次进行。象伏巴梨6月末果实表面颜色变浅即可采收。采摘后立即套上网袋或包上软纸，以免损伤果皮，分层装箱上市。

90. 梨保护地栽培环境条件怎样调控？

（1）温度

开始升温不宜过快，要逐渐提高温度。萌芽期昼温为12～18℃，夜温为3～5℃。开花期昼温为15～23℃，夜温为5～10℃。幼果膨大期昼温为18～23℃，夜温为10℃。果实采收期昼温为25～28℃，夜温为13～15℃。

（2）湿度

萌芽期空气相对湿度为70%～80%，开花期为50%，幼果膨大期为60%，果实采收期为50%。

（3）光照

设施栽培因薄膜、薄膜水滴凝结、尘埃污染等影响，棚内光照强度明显小于棚外。应经常打扫、清洗透明覆盖材料，增加透光率；树冠下铺设反光地膜；在日光温室的后墙涂白或挂反光幕。

（4）二氧化碳

当放风不足时，可采用人工增施二氧化碳，以弥补棚内二氧化碳浓度的不足。

果实采收后，应及时将棚膜揭掉，以改善梨树的光照、通风条件，提高叶片的光合能力，增加贮藏养分的积累；同时，可以延长薄膜的使用寿命。

91. 梨保护地栽培怎样进行肥水管理?

(1) 施肥

追肥应根据物候期的特点，遵循“薄肥勤施”的原则，以滴灌的形式结合灌溉及时补充。萌芽期、开花后、果实膨大期和采果后是追肥的重点。肥料种类以复合肥为主，多施磷、钾肥。叶面喷肥肥料利用率高，是设施栽培中必不可少的施肥方法，结合喷药进行，补充氮（N）、磷（P）、钾（K）及硼（B）、铁（Fe）、钙（Ca）等微量元素。

设施栽培条件下，应增加基肥和有机肥的用量，基肥在采果后尽早施入，对恢复树势、提高树体营养贮备、改良土壤、减少土壤盐分积累都有显著作用。施肥量以巴梨为例，每生产100千克巴梨，需施圈肥150千克，或豆科绿肥150千克，但需补磷肥（按合P_2O_5 12%算）1.3千克，硫酸钾0.2千克；或施人粪尿125千克，但需补充硫酸钾0.3千克，或施鸡鸭粪175千克，但需加适量氮肥，以调节碳氮比。

一般在梨树两侧1米处开沟，深60厘米，宽40～50厘米。在沟中先施入有机肥，边施边推入表土，到一半深度时，用锄头将积肥与表土掺和均匀。

(2) 浇水

梨树需水量大，而且生理耐旱性弱，干旱会引起梨树旱害，造成果实萎蔫，果个小，品质差。

水分调控主要通过灌水、排水和地面覆盖等措施。在盖膜前和卸膜后要分别充分灌水1次，生长季节保证水分供应。盛夏高温季节则以地面覆盖、灌水等来保证梨树对水分的需求。

92. 梨保护地栽培怎样防治病虫害?

因地区、品种不同，同时受设施小气候环境影响，病虫害发生有差异。如大棚栽培翠冠梨，主要病害梨锈病、黑星病、黑斑病、轮纹病有减轻的趋势，而蚜虫、螨类等害虫有加重发生的现象。伏巴梨主要病害有梨轮纹病、铁头病、顶腐病、黑叶病等。应根据具体情况，综合进行防治。

(1) 清园

盖膜前进行清园。

(2) 加强综合管理

保持土壤水分均衡供应，土壤管理方面可进行生草覆盖或果园覆草降低地温，保持土壤水分。

(3) 人工防治

结合冬季修剪，剪去虫芽。摘除虫花、虫果。开花后检查受害花丛（受害花簇鳞片不脱落）并及时摘除。在芽鳞片未脱落前，轻敲枝震鳞片，凡鳞片不落的常有幼虫，掰下虫芽。当梨果长到拇指大小时，在成虫羽化前组织人力摘除虫果。

(4) 药剂防治

盖膜前全园喷1次3～5波美度石硫合剂。

谢花后每隔7～10天喷80%大生M-45可湿性粉剂800倍液或70%甲基托布津可湿性粉剂800倍液，加10%吡虫啉可湿性粉剂1 000倍液进行混合喷施，连续喷2～3次，防治黑星病、蚜虫、梨木虱等。

抓准时机，在越冬幼虫转芽初期和转果期喷药，常用20%杀灭菊酯2 500倍液、乐斯本1 500倍液。

套袋前喷40%福星乳油8 000倍液加0.6%海正灭虫灵乳油2 000倍液。

采收后至落叶前喷50%多菌灵可湿性粉剂600倍液加20%哒嗪酮乳油1 000倍液1～2次。

因设施内温度高，喷药时应避开中午高温时间，或适当降低浓度防止发生药害。

八、葡萄保护地栽培

93. 葡萄对环境条件有什么要求?

外界环境条件中的气候、土壤和水分对葡萄生长发育影响很大。葡萄对环境条件有一定的要求。

(1) 温度

葡萄属属喜温果树。当日平均气温达到10℃以上时，芽开始萌发。新梢生长和花芽分化最适温度为25～30℃，气温达40℃以上时叶片受伤害，果实发生日灼。浆果成熟适温为28～32℃，低于14℃和高于38℃对果实的生长都不利。从萌芽到果实充分成熟需要一定的热量，即≥10℃的活动积温（表15）。有效积温不足，浆果含糖量低，含酸量高，着色差，品质下降。

表15　葡萄不同成熟期品种对有效积温的要求

品种类型	萌芽至完熟所需有效积温（℃）	萌芽至完熟所需天数	代表品种
极早熟品种	2 100～2 500	110以内	莎巴珍珠、早玫瑰
早熟品种	2 500～2 900	110～125	京秀、乍娜
中熟品种	2 900～3 300	125～145	巨峰、里扎马特
晚熟品种	3 300～3 700	145～160	红地球、美人指
极晚熟品种	3 700以上	160以上	秋红、秋黑、龙眼

葡萄冬季通过休眠的需冷量见表13。

(2) 水分

葡萄的根系发达，吸水能力强，具有较强的抗旱性，但幼树抗性差。一般葡萄在萌芽期、新梢旺盛生长期、浆果生长期内需水较多。开花期阴雨或潮湿天气，影响正常开花授粉。浆果成熟期降雨量大，影响着色，引起裂果，加重病害，降低品质。葡萄生长后期雨水过多，新梢生长结束晚，枝条成熟差，不利于越冬。

(3) 光照

葡萄是喜光植物，对光照非常敏感。光照充足，植株生长健壮充实，花芽分化好，浆果着色快，品质好，产量高。若光照条件不足，枝条细弱节间长，组织不充实，花芽分化不良，产量低，品质差。但光照过强，果实易发生日烧。

(4) 土壤

葡萄对土壤的适应性很强，除了极黏重的土壤和强盐碱土外，一般土壤均可种植。但以土层深厚肥沃、土质疏松、通气良好的沙壤土最好。葡萄在土壤 pH 值为 6～7.5 时，生长良好，超过 8.3～8.7 时，易发生黄叶病或叶缘干焦。土壤含盐量达 0.23％时，葡萄开始死亡，尤其是幼龄葡萄更不耐盐碱。

94. 葡萄保护地栽培怎样选择品种?

保护地葡萄栽培，主要是供鲜食需要，因此一般应选择果粒大，果穗紧，不易脱粒，色泽艳丽，果粒大小一致，品质好，丰产，耐贮运的品种，并且易形成花芽，花芽着生节位低，第二年就结果，对环境条件适应性和抗病性强。

为了使葡萄浆果提早成熟上市，一般选择需冷量少、休眠期短的极早熟、早熟或中熟品种，浆果发育期在60～90天，如京秀、乍娜、凤凰51、玫瑰香、红双味、京亚、里查马特、大粒六月紫、黑香蕉、绯红、早熟红无核、郑州早玉、巨峰、户太8号等。露地栽培极早熟品种上市之前的空挡，也是一个机会，对品种和栽培技术相对来讲比前期要求低，可以选择适宜的品种进行。

延后栽培，浆果在10月中旬至12月份成熟上市的，可以不考虑需冷量的多少和休眠期的长短，只要是果实发育期长（一般浆果发育期为150天以上）或容易多次结果的中熟、晚熟和极晚熟品种均可。选择对直射光依赖性不强、散射光着色良好的品种，以克服设施内直射光减少、不利于葡萄果粒着色的弱光条件。目前常用的葡萄延迟栽培品种有：巨峰、红地球、秋黑、红意大利（奥山红宝石）、意大利、玫瑰香、信浓乐、香悦、京优、克瑞森无核、红宝石无核、秋红、达米娜、美人指等。

同一棚室，应选择同一品种或成熟期基本一致的同一品种群的品种，以便统一管理，而不同棚室在选择品种时，可适当搭配，做到中、晚熟配套，花色齐全。

95. 葡萄保护地栽培适宜的品种有哪些?

(1) 乍娜

欧亚种，1975年中国农科院作物品种资源研究所从阿尔巴尼亚引入，为我国栽培较广的早熟鲜食品种之一。

果穗圆锥形，平均穗重850克，最大1 100克。果粒近圆形或椭圆形，平均单粒重9克，最大17克。粉红色，果皮与果肉易分离，肉质脆，多汁，味甜，具有清香味，含可溶性固形物15%，品质上。在保护地栽培不易裂果，不易脱粒，丰产性好。

温室栽培3月上旬左右开花，5月上旬左右果实成熟。

(2) 凤凰51号

欧亚种，大连市农业科学研究所1973年通过杂交育成。

果穗圆锥形，平均穗重450～500克，最大1 200克。果粒近圆或扁圆形，平均单粒重7.1克，最大粒重14克，紫玫瑰红色或蓝紫色。果皮中等厚，果粉薄。果肉肥厚，质地略脆，酸甜可口，有玫瑰香味，含可溶性固形物15%～18%，品质上。

温室栽培3月上旬左右开花，5月上旬左右果实成熟。

(3) 大粒六月紫

欧亚种，山东省历城区党家庄镇从六月紫的芽变中选出。

平均穗重510克，最大1 200克。果粒圆形，整齐一致，平均粒重6克，最大8克，紫红色。果皮厚，果肉软，有浓玫瑰香味，含可溶性固形物14.5%，品质上。

温室栽培2月末左右开花，4月底左右果实成熟。无落粒现象，浆果成熟期一致。

(4) 京秀

欧亚种，北京植物园以玫瑰香、红无粒露和潘诺尼亚等品种作亲本杂交而成，1994年鉴定命名。

果穗圆锥形，平均穗重513克，最大穗重1 100克。果粒椭圆形，平均粒重6.3克，最大粒重11克。果皮中厚，玫瑰红色。肉质脆，味甜多汁，含可溶性固形物15%～18%，酸0.46%，品质上等。易丰产，抗病性较强。上色早，退酸快，可采收时间长，不易落粒或裂果，耐贮运。

露地栽培北京地区7月底8月初果实成熟，日光温室栽培可在4月下旬成熟上市。

(5) 金优

欧美杂交种，日本育成，1991年引入我国。

果穗圆锥形，紧凑饱满，平均穗重600克。平均粒重13克，最大粒重19克。果粉中等，果皮厚而韧，与果肉易剥离。果肉软，多汁，有极浓的玫瑰香味，含可溶性固形物18%左右。

日光温室栽培4月下旬左右果实成熟。

(6) 巨峰

欧美杂交种，原产日本，大井上康于1937年用大粒康拜尔早生为母本，森田尼为父本杂交培育，为四倍体品种，我国1959年引进。

果穗圆锥形，平均穗重400～600克。平均果粒重10克，最大粒重20克。果皮厚，紫红色，有果粉。果肉较软，味甜，多汁，具草莓香味。

日光温室栽培2月底开花，5月上旬左右果实成熟。

(7) 玫瑰香

欧亚种，原产英国。

果穗圆锥形，果粒着生中密或紧密。平均粒重5克，最大粒重7.5克。果皮中等厚，紫红或紫黑色，果粉较厚。果肉脆，多汁，有浓郁的玫瑰香味，含可溶性固形物18%左右，酸0.5%～0.7%，品质极佳。

日光温室栽培3月初左右开花，5月中旬左右果实成熟。

(8) 无核白鸡心

欧亚种，原产美国，Goid×Q25-6杂交育成。1983年从美国加州引入。

果穗圆锥形，平均穗重500克左右，最大穗重2 500克。果粒长椭圆形略呈鸡心形，平均单粒重 6 克，经赤霉素处理后可达 10 克以上。果皮黄色，皮薄不裂，较韧，较整齐，外观美丽。果肉硬而脆，韧性好，浓甜，果皮不易分离，食用不需要吐皮，含可溶性形物 16.0%，酸 0.83%，糖 13%～28%，微有玫瑰香味，品质上。丰产。果粒着生牢固，不落粒，耐运输，不易长期冷藏，常温下保存 5 天以上。

设施栽培表现好，日光温室栽培 4 月下旬果实成熟上市。

(9) 布朗无核

欧美杂交种，原产美国。

果穗圆锥形，果粒着生紧密整齐，平均穗重 445～627 克，最大穗重 1 000 克。平均粒重 2.7～4 克，经赤霉素处理果粒可达 7 克左右。果皮紫黑色，薄而韧。果肉软，汁多，酸甜，有草莓香味，含可溶性固形物量 17%左右，品质中上。

日光温室栽培 2 月底开花，5 月初左右果实成熟。

(10) 红地球

又名晚红、大地红。欧亚种，原产美国。

果穗圆锥形，平均穗重 600 克左右，最大穗重 1 000 克左右。果粒椭圆形，平均粒重 12 克，最大粒重 18 克。果皮深红色，外观美，果皮与果肉易剥离。果肉硬而脆，能切成薄片，香甜爽口，品质极上。果实耐贮藏。

生育期长，可在无霜期大于 180 天的地区露地栽培。适于我国东北中、北部地区保护地延后栽培。

(11) 秋黑

欧亚种，1988 年从美国引入。

果穗长圆锥形，紧密，平均穗重 720 克，最大穗重 1 500 克。果粒近卵圆形，平均果粒重 9.7 克。果皮厚，紫黑色，果粉厚，外观极美。果肉硬脆，能切成薄片，酸甜爽口，含可溶性固形物17%左右，品质上。果刷长，果粒着生极牢固，极耐贮藏。丰产性强。

生育期长，可在无霜期大于180天的地区露地栽培。适于我国东北中、北部地区保护地延后栽培。

(12) 瑞必尔

欧亚种，原产美国。

果穗长圆锥形，平均果穗重550克左右，最大穗重1 200克。果粒圆形，平均粒重9克左右。果皮蓝黑色，外观极美，果皮厚，易与果粒剥离。果肉脆，含可溶性固形物18%左右，品质极佳。耐贮运。丰产，抗病性强，易栽培。

生育期长，可在无霜期大于180天的地区露地栽培，适于我国东北中、北部地区保护地延后栽培。

96. 怎样培育葡萄扦插苗?

由于葡萄生长快，容易形成花芽，栽植当年秋、冬季既能进行保护地生产，要发挥这一优势，苗木是基础。所以，用于温室和大棚中栽植的葡萄苗木质量要高，经过管理当年必须形成良好的结果母枝。一般选用扦插苗或嫁接苗，在生产中多采用硬枝扦插苗和绿苗。将果树部分营养器官插入土壤（基质）中，使其生根、萌芽、抽枝，成为新的植株的方法叫扦插育苗，用一年生枝条扦插叫硬枝扦插。用扦插培育的苗木叫扦插苗。现将培育优质硬枝扦插苗的方法介绍如下。

(1) 插条采集

结合休眠期修剪，选品种纯正、植株生长健壮、无病虫害的优质丰产植株，选取芽眼饱满、枝条充分成熟的一年生枝作为插条。采集到的枝条分品种、粗度，按 50～100 厘米长度剪截，50～100 根捆成 1 捆，拴挂标签，注明品种、数量和采集日期。

(2) 插条贮藏

插条的保存，一般采用沟藏或窖藏。沟藏时，选择地势稍高，背风向阳处挖贮藏沟，沟宽、深各 1 米，长依插条多少而定。插条在贮藏沟内要与湿沙分层相间摆放。先在沟底铺厚 10 厘米左右的湿沙，然后将插条一捆一捆地摆好，上面覆盖一层湿沙，再放一层插条再覆盖一层湿沙，如此铺放到顶，最上面盖 20～40 厘米的土防寒。贮藏期间注意检查温度与湿度。在室内或窖内贮藏，通常将插条半截插埋于湿沙、湿锯末或泥炭中。贮藏期温度保持 1～5℃为宜。

(3) 插条剪切

扦插是利用枝条的再生能力发根而长成一独立的植株，枝条总是在其形态顶端抽生新梢，在其形态下端发生新根，葡萄枝条节处发根多。3 月中下旬将插条取出，剪成 2～3 个芽的枝段，在顶芽上留 2 厘米左右平剪，下端在芽下 1 厘米左右斜剪。剪后每 50 或 100 根捆成一捆，放入清水中浸泡 24～48 小时，然后进行催根处理。

(4) 插条催根

葡萄插条顶芽萌发和下端发根所要求的温度条件不一致，通常在 10℃以上芽眼就萌发新稍，而形成不定根却需要较高的温度，一般在 20～28℃条件下发根速度最快。如果未经催根处理就直接扦插，芽眼先萌发，根系还没有吸收水分和养分的能力，萌发的新梢就不能顺利生长。如果插条本身养分耗完，根系还不能正常供给，萌动了的嫩芽就会干枯死亡。通过催根处理就能解决这种矛盾，从而大大提高扦插成活率。所以，插条催根是保证成活的重要措施。在生产中常采用插条催根方法有：

①萘乙酸处理。萘乙酸 50～100 毫克/升溶液浸泡插条基部 2～4 厘米 12～24 小时。

②吲哚丁酸处理。用 50%酒精溶解吲哚丁酸配成 0.3%～0.5%溶液，浸蘸 3～5 秒钟。

③ABT 生根粉催根。先把 ABT 生根粉用 90%医用酒精化开，按 1 克 ABT 用 20 千克水的比例，制成 50 毫克/升的溶液。用砖砌四周，平铺地膜，做成临时处理槽，把配制好的溶液倒入池槽，液面深 3～4 厘米。把种条捆直立于水槽中，浸泡基部8～12 小时。1 米^2 池面可处理 5 000～6 000 根种条。

但是单用药剂催根，不如药剂处理与加热处理相结合催根效果好。

生产上多用自动控制仪、电热线和火炕等加热催根。其方法是将地热线铺好或将火炕砌好，在其上铺湿锯沫 5～10 厘米，再将插条基部朝下一捆捆摆好，上面盖 5 厘米厚的含水 85%左右湿河沙，然后加温，使之保持在 25～28℃，经过 15 天左右，插条基部即形成白色愈伤组织，有的生出白色幼根，可移栽到育苗地。

(5) 扦插时间

硬枝扦插时间应在春季发芽前进行，以 15～20 厘米土层温度达 10℃以上为宜。

(6) 整地作畦

扦插前必须细致整地。施足基肥，喷撒防治病虫的药剂，深耕细耙。根据地势作成高畦或平畦，畦宽 1 米，扦插 2～3 行，株距 15 厘米。土壤黏重，湿度大可以起垄扦插，70 厘米 1 条垄，在大垄上双行带状扦插，行距 30 厘米，株距 15 厘米，每 666.7 米^2 扦插 1 万根左右。

(7) 扦插

催根处理的插条已经有根，扦插相当于移栽。扦插时，按行距开沟，将插条倾斜或直立按株距放入土中，顶端侧芽向上，填土踏实，上芽与地面持平或稍高于地面，浇水。为防止干旱对插条产生的不良影响，在床面覆盖地膜，将顶芽露在膜上，以保墒增温，促进成活。

(8) 插后管理

发芽前要保持一定的温度和湿度。土壤缺墒时，应适当灌水。但不宜频繁灌溉，以免降低地温，通气不良，影响生根。灌溉或下雨后，应即时松土、除草，防止土壤板结，减少养分和水分消耗。成活后一般只保留1个新梢，其余及时抹去。生长期追肥1～2次，加强叶面喷肥，注意防治病虫，促进幼苗旺盛生长。新梢长到一定高度进行摘心，使其充实，提高苗木质量。

97. 什么是绿苗？怎样培育葡萄绿苗？

葡萄绿苗是指当年春天利用温室、塑料大棚等设施硬枝扦插培育，当年春天出圃定植的带绿叶的葡萄苗木。一般是秋、冬季苗木短缺或某些优良品种苗木需求量大时，采取的快速繁育方法。葡萄绿苗培育不但能缓解苗木的紧张状况，而且缩短了培育时间，降低了成本。且节省土地和劳动力，管理方便，成活率高，提早进入结果期。也为葡萄保护地栽培及时提供优新品种，以及一年一栽制苗木定植，达到当年培育壮株，来年丰产的效果。

培育葡萄绿苗的方法，可参照“保护地栽培葡萄苗木怎样培育？”其插条采集、插条贮藏、插条处理等都是一样的。不同处有以下几点：

(1) 插条催根

从2月中旬就可以开始育苗工作。

插条用药剂处理后，进行催根。在温室地面挖深为50厘米，宽1.5米。长3米的沟槽，沟底由下往上依次铺10厘米马粪、5厘米细土、5厘米净砂，整平，首先在苗床两头和中间各放一根长1.5米，宽5厘米的木条固定好，木条上按布线距离各钉上一排钉子，采用800瓦电加热线，使电热线来回绕在加热床上，注意布线道数必须取偶数，这样两根接线头可在一头，将电热线两头接在控温仪上。电加温线必须铺布均匀，拉紧，不能打结、靠拢，以防供热不均。然后在上面铺10厘米细砂，整平，浇透水待用。

将处理过的种条捆下端墩齐，蘸满湿砂，依次直立摆放在床面上，保证受热均匀。捆与捆之间空隙也要填满湿砂，喷透水使砂沉实，只把顶部芽眼露在外面。感温头插在床内，深达插条基部，然后通电加热，控温仪控制在25～28℃。床面渐干时要及时喷水，床面空气温度控制在10℃以下，以防止芽眼过早萌发消耗养分。一般1米^{2}温床可摆放6 000根左右插条。催根程度是根原体突破皮层0.2～0.5厘米即可。催根后期要逐渐降温，一般停电24小时后再进行扦插。

(2) 整地作畦

在温室内做南北向畦，宽1～1.5米，或在温室葡萄行间的距离，长6米，或温室种植地片的宽度。畦底部铺10厘米粗砂以利渗水。畦埂宽、高均20～30厘米，踩实，以便作业。

(3) 制营养钵

可用规格适宜的标准营养钵，亦可选用小花盆、纸袋、塑料袋、塑料筒等，其中以营养钵和塑料袋较好，保温保湿，并可远途运输。黑色软塑料袋，高18～20厘米，直径10厘米左右，底部有几个个口径0.5厘米的排水孔。

用土、过筛后的细砂及腐熟的厩肥，按沙∶土∶肥=2∶1∶1比例配成营养土。

将营养土装入营养钵或塑料袋。把露露杏仁罐罐口削成斜面，用其装土，提高装土速度。营养钵不要装得过满，上口处留1厘米空间。把装好的营养钵摆放在畦面中。一般1米^{2}可摆300～400个。

(4) 扦插

整个畦面喷水，直到把营养钵内泥土浸透，防止扦插时根部受损。将插条直插在营养钵中央，深度距营养钵底部1厘米以上，插条顶芽与袋内土壤相平。插条随起随插。扦插完后，用细砂封眼，再喷一次透水。

(5) 插后管理

温室内均匀放置温度计、湿度计。空气温度白天控制在25℃以上，而不超过30℃，温度过高时可适当通风，夜间保持在15℃以上即可。保持袋内适当湿度，切忌勤浇不透和袋中浸水。地温白天22℃，夜间20℃，空气湿度60%～80%。

发现营养不足叶面发黄时，在长出3～4片叶后，可喷1～3次0.3%磷酸二氢钾或其他叶面肥。

苗木长到20～25厘米时，在5月上中旬即可露天定植。在出圃前10天开始扒大风口，通风透光，进行炼苗。

如果葡萄保护地栽培采用一年一栽制，每年5月底6月初，棚室葡萄采收后，随即将整株拔除，然后将先前营养袋中育好的苗木向棚内移栽。这时培育绿苗应用大营养钵，并且要进行植株管理。将塑料编织袋从中间横向剪开，做成高约40厘米的营养钵，装入营养土（7份园土、2份炉渣、1份腐熟有机肥）。先在营养钵中央打洞，再将催根处理的插条埋入。插条长出 2～3 叶后，每隔 10 天喷施一次 0.5%尿素和 0.3%磷酸二氢钾混合液。4 月中旬晚霜后将苗木连同营养钵一起移到露地继续培养。苗高达 15～20 厘米时，抹副梢、除卷须。苗高 30 厘米时及时摘心，副梢则留两片叶摘心。

98. 保护地葡萄为什么有些品种要一年一栽?

保护地葡萄栽培制度有两种，一是正常栽植，即栽一次可以生产多年，与露地栽培一样，二是一年一栽。

一年一栽是采用在保护地中培育的绿苗，或 4～5 月先将一年生苗假植在营养袋中，5 月下旬至 6 月上旬，上一年栽植的植株采收后，全部拔除，立即将营养袋植株移入定植。定植的一年生苗或绿苗，经过一个生长季的培养，形成良好的结果母枝，当年冬季在设施内进行鲜果生产，第二年果实采收后砍伐，重新定植培育好的苗。

葡萄萌芽后，有花序或果穗的新梢叫结果枝，无花序或果穗的新梢叫营养枝。结果枝在开花结果的同时，从开花期前后开始进行花芽分化，露地栽培大约在 5 月下旬至 6 月份，6～8 月为花芽分化盛期。营养枝也同样进行花芽分化。这些形成了花芽的枝条就是明年的结果母枝。葡萄花芽开始分化与气候、品种、管理条件有关。在设施内，像巨峰等品种，结果枝开花结果的同时，花芽分化不良，形成花芽不充实，严重影响来年的产量。而在一年一换苗的情况下，只要保证苗木质量，加强管理，666.7 米^{2}产量可稳定在 1 500 千克以上，且成熟早，质量好。一年一栽制具有果实质量好、丰产等优点，我国攻克巨峰葡萄在设施内花芽不充实的难题，就是采用一年一栽制。实践证明，保护地栽植巨峰系品种，还是一年一栽的好。

有的品种，如凤凰 51，为提前成熟，获得较高产量，也采用一年一栽制。

但一年一栽育苗成本高，随着巨峰系葡萄品种设施栽培量的减少，这种制度应用也在减少。

解决葡萄一些品种在设施内花芽不充实的问题，除了一年一栽外，也可采用轮换压条、枝蔓更新等方法，果实采收撤掉设施覆盖后，在露天自然环境下培养结果母枝。

99. 保护地葡萄采用什么架式？怎样整形修剪？

葡萄栽培中，栽植方式、架式、树形和修剪方式要配套，形成一定组合。栽植方式有单行栽植和双行栽植。架式是搭架的形式，主要有篱架和棚架。树形有扇形、龙干形等。葡萄冬季修剪主要用短截、疏剪和缩剪三种方法，剪去一年生枝的一部分叫短截，在葡萄修剪上，习惯把一年生枝留1～4节短截叫短梢修剪，留5～7节短截叫中梢修剪，留8～12短截节叫长梢修剪，留12节以上短截叫极长梢修剪，也有的把一年生枝留1～2节短截叫极短梢修剪，长、中、短梢结合修剪为混合修剪。常见的组合有两种。

（1）双篱架单蔓整形长梢修剪

采用南北行向，双行带状栽植，有立柱的设施顺立柱架设篱架。双行带状栽植，即株距0.5米，小行距0.5米，大行距2.0～2.5米，一般是立柱的间距。两行葡萄新梢向外倾斜搭架生长，下宽即小行距0.5米，上宽1.0～1.5米，双篱架结果。整形过程是：苗木定植后，当新梢长到20厘米左右时，每株葡萄留一个新梢培养主蔓，即单蔓整形，落叶后剪留1.5米左右，进入休眠期管理。升温萌芽后，每蔓留5～6个结果新梢结果，距地面30～50厘米留一预备梢，上部结果后缩剪到预备处。没留出预备枝的也可在果实采收后，及时将主蔓回缩到距地面30～

50 厘米处，促使潜伏芽萌发培养新主蔓，作为来年的结果母枝。主蔓回缩时间不能晚于 6 月上旬，以免萌发过晚，新梢花芽分化不良。新梢生长到 8 月上、中旬摘心，促进枝蔓成熟，落叶后剪留 1.5 米。即距地面 30～50 厘米处的主蔓保持多年生不动，而上部每年更新 1 次（图 17）。

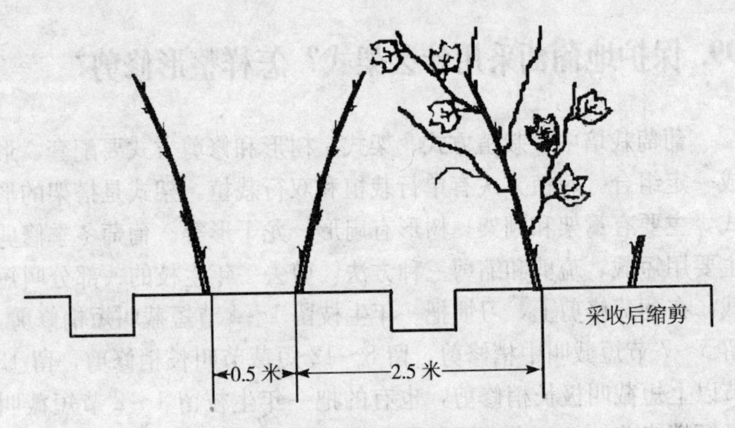

图 17　双篱架栽培整形修剪示意图
左：休眠期修剪后　右：生长期及采后修剪

（2）小棚架单蔓整形长梢修剪

采用南北行向，双行带状栽植，株距 0.5 米，小行距 0.5 米，大行距 2.5 米。每株葡萄培养 1 个单蔓，当两行葡萄的主蔓生长到 1.5～1.8 米时，分别水平向两侧生长，大行距间的主蔓相接成棚架。整形过程是：升温萌芽后，在水平架面的主蔓上每隔 20 厘米左右留 1 个结果枝，将结果枝均匀布满架面。同时，在主蔓篱架部分与棚架部分的转折处，选留 1 个预备枝。待前面结果枝果实采收后，回缩到预备枝处，用预备枝培养新的延长蔓，作为来年的结果母枝。篱架部分不留结果枝，保持良好的通风透光条件。即篱架部分保持多年生不动，棚架部分每年更新 1

次（图 18）。这种整形方式具有结果新梢生长势缓和，光照条件好的优点。

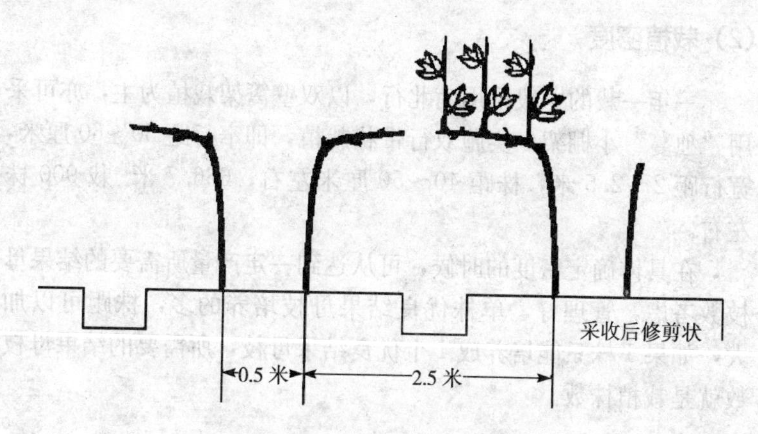

图 18　棚架栽培整形修剪示意图
左：休眠期修剪后　右：生长期及采后修剪

（3）龙干形和自然扇形整形修剪

非一年一栽，结果枝不进行年年更新的，可采用东西行栽植小棚架龙干形和自然扇形整枝。株距 50～80 厘米，行距 5～6 米，每 666.7 米^2 栽 300 株左右。也可采用南北行栽植篱架自然扇形和水平形整枝。

小棚架采取龙干形整枝，注意架面与塑膜间保持 50 厘米距离，在主蔓上着生结果枝组，同一侧面结果枝距离不少于 30 厘米，每米架面留结果枝 12 个左右。

自然扇形整枝，参照露地栽培进行。

100. 保护地葡萄如何栽植？

（1）栽植时期

新建设施进行保护地栽培，直接栽植葡萄以春季栽植为宜，在4月份。如果实行一年一栽制，设施内的葡萄全部采收后刨除，于5月下旬至6月上旬栽植。

(2) 栽植密度

一年一栽的一般采用南北行，以双壁篱架栽植为主，亦可采用“独蔓”小棚架。实施双行带状栽植，即窄行距50～60厘米，宽行距2～2.5米，株距40～50厘米左右，666.7米^{2}栽900株左右。

在具体确定密度的时候，可从达到一定产量所需要的结果母枝数考虑，管理好、单株优良结果母枝培养的多，株距可以加大，如果1株只能培养成1个优良结果母枝，所需要的结果母枝数就是栽植株数。

(3) 栽植方法

根据株行距挖深40～60厘米，宽60～80厘米的定植沟，将充分腐熟的优质有机肥666.7米^{2}4 000～5 000千克和适量的磷、钾肥与土混拌均匀填入定植沟内，然后将芽眼饱满生长健壮的一年生苗或营养袋中培养的假植苗、绿苗，按株行距栽好、浇水。并覆地膜保湿增温。

也可以挖定植沟后，先将土壤与肥料充分混匀后回填，并浇水沉实，再挖小穴栽植。即回填并浇水沉实的栽植沟，挖30厘米×30厘米×30厘米的小穴进行栽植。深度以苗木原土印的痕迹与地面平齐为准，并用脚踏实后浇透水。定植后留3～4个饱满芽进行定干。

(4) 绿苗栽植

营养袋绿苗4月中旬根系长10厘米左右，具3～4片叶时即可栽植。

如果是6月份已经采收的葡萄刨除后栽植大袋绿苗，先进行清园，喷 800 倍多菌灵对土壤消毒，施有机肥，将大苗连同营养钵一起栽于穴内，四周覆松土，然后双手轻提编织袋上沿，使其脱离营养土团，再将覆土踏实，少量灌水。

(5) 一年生苗直接栽植

在设施内直接栽植，选有 3～5 条粗 1 毫米以上的主根，枝蔓粗 4～6 毫米、有 3～4 个饱满芽的一年生扦插苗。先把根系剪留 10～15 厘米，剪除烂根，剪平断根，用 1 500 倍乐果浸根后，在 3 月下旬至 4 月 20 日以前栽植。

(6) 一年生苗先假植再定植

设施内已经种植其他作物，在 4 月 20 日以后到 6 月 20 日以前才能收获倒茬的，要采取大袋假植培育苗木办法，先进行培养，清园后再定植在设施内。

①假植苗栽植。将编织袋或废旧的水泥袋一截为二，袋高 30～35 厘米，直径 40 厘米，绑紧下口，袋中装上 30 厘米营养土后，将葡萄苗栽植到袋中。苗木要求和处理同（5）。营养土的比例为：沤制腐熟好的有机肥 1 份，土 5～10 份。没有沤制好的鸡粪、鹌鹑粪等绝对不能用，以免烧苗。若用塑料方便袋时，因袋不漏水不透气，栽好苗木后，要在袋底及两侧捅上 4～5 个小洞通气排水。然后将袋排在地平面以下深 35～40 厘米的畦中，袋之间用土填好，然后浇大水。浇水后，用土再将袋间空隙填实，并在袋上覆 2～3 厘米浮土以利保墒。再复盖地膜以提高地温，促根早发早长提高成活率（图 19）。

②假植苗管理。葡萄发芽后，选留 2 个壮芽，其余抹除，待新蔓长到 10 厘米时，弱蔓摘心，旺蔓继续发育成独干苗。枝蔓长到 20～30 厘米时，苗旁立一个小竹竿，把枝蔓以 8 字扣引绑到上边，促进直立向上生长，经常检查和绑蔓，对生长过旺的枝蔓要绑向斜生，生长弱的绑向直立，使苗长势均衡一致。苗木发

图 19　葡萄一年生苗营养袋假植

芽后喷一次 700 倍退菌特＋1 500 倍乐果或菊脂类农药防治病虫害；苗高 30 厘米，喷一次 200 倍等量式波尔多液。

③苗木定植。假植苗定植棚内时间，越早越好。一般 5 月底 6 月初，设施内葡萄采收后，随即将整株拔除，清园消毒，整地施肥。然后将假植苗向设施内移栽，破袋取苗，要注意轻拿轻放，不要弄碎原袋内土坨，将苗定植在沟中，用肥土填充固定。然后浇水，浇水后要及时用肥土填充，整平畦面。使苗木不缓苗，继续生长。万一有苗袋土坨破碎，马上浇水遮荫，防止萎蔫缓苗。

101. 保护地葡萄栽植后如何管理?

(1) 植株管理

葡萄定植后，选 1～3 个新梢作为主蔓，一年一栽制一般是 1 个，小棚架双龙干形或扇形整枝 2～3 个，其余新梢去除。当新梢长到 40 厘米左右时，开始搭架引绑，并随时摘除叶腋中的夏芽副梢。主蔓40厘米以上的副梢，留一叶反复摘心，保留主蔓向上旺盛生长。也可以保留顶端2～3个副梢，每个副梢留2～3片叶反复摘心，其余副梢全部疏除。卷须随时去掉。

篱架栽培的，6月上中旬当棚前部苗高长到60～80厘米，棚中后部苗高长到1米左右时，摘心1次蹲苗，促进1米以下处花芽分花。第二次摘心是在棚前部苗长到1.2～1.5米，棚中部苗高长1.5米，后部长1.8～2米时。第二次摘心一般要在8月10日左右全部完成。不论什么时间摘心，摘心后要保留好顶端新梢生长点继续生长，要防止摘心过重刺激冬芽萌发。

(2) 土肥水管理

葡萄苗长到40厘米左右时开始追肥，以后每隔一个月到一个半月追肥一次，每次每株追施复合肥50～100克。地下肥力高，但叶片较薄应叶面喷肥。小苗弱苗应地下施肥、地上叶面喷肥同时并举。结合打药喷3～5遍光合微肥或丰产素，间隔15天1次。

7月中旬以后，为防止枝蔓旺长，应控制氮肥，多施用磷肥、钾肥。8月份叶面喷施2～3次磷酸二氢钾，以促进新梢成熟。

9月份至落叶前进行秋施基肥，每666.7米^{2}施优质充分腐熟的有机肥4 000千克左右，或用腐熟好的鸡粪、猪粪、酵素菌等有机肥，均匀混入10千克复合肥、2千克硼砂、2千克硫酸亚铁、4千克硫酸镁等微肥做基肥施入沟中。

7月份以前要注意及时浇水，促苗旺长。7月份以后要注意控制肥水，防止苗木徒长。浇水后、雨后及时松土除草，疏松土壤。

(3) 病虫害防治

苗木发芽后喷1次700倍退菌特或百菌清，加氧化乐果

1 500倍或其他杀虫剂，防止病虫危害。6 月份以后高温多湿，重点防治霜霉病，每 10～15 天喷一次 200 倍等量式波尔多液。若已染病可用乙磷铝、代森锰锌、甲霜灵或瑞毒霉防治。7～8 月份要特别注意保护叶片的完好无损，这是翌年能否丰产的关键。根据具体情况用菊脂类农药防治天社蛾、蓟马等危害。

102. 什么是压条栽培？保护地葡萄怎样进行压条栽培？

压条更新栽培是在温室葡萄采收后，选择适宜结果枝进行压条，枝条在与母株不分离的情况下继续生长发育，当年培养为新的植株，同时作为来年的结果母枝结果。压条更新栽培既不用年年栽植新苗，又能形成良好的花芽，防止植株衰老，防止结果部位外移，连年丰产。克服了有些葡萄品种温室多年一栽情况下，减产和品质下降的缺点。

（1）定植

选用粗度 0.8 厘米以上、有 4 个以上饱满芽的一年生扦插苗植株。在温室内以南北立柱的位置为边缘向东挖定植沟，定植沟深、宽各 60～80 厘米。定植行距与日光温室立柱东西间距相同，为 1.5～2.5 米。植株定植在定植沟的中间，离南北立柱 30～40 厘米。

植株定植时，先把肥料与土壤混合均匀，填回沟内，填到离地面 30 厘米时，将埋土踏实，放入葡萄苗，葡萄苗根部用土填实，其余地方仍填入混有鸡粪的土壤。填土时随时提一下苗，深度以假根颈部位高于地面 5 厘米为宜，并将土壤踏实，填平后在定植沟边缘起垄，最后浇透水。几天后将定植沟整平，并在行间起垄成畦。

(2) 植株管理

葡萄萌芽后，每株保留 2 个新梢，培养为来年结果母枝，其余的新梢全部抹去。新梢长至 50 厘米左右时，将其绑缚在小竹竿或铁丝上，保持直立生长。第一年冬季修剪后，将结果母枝平均分配到在南北立柱上建成的双篱架的两个架面上。通过休眠后进行促成栽培生产。第二年葡萄采收前，每个结果母枝上保留 1 个结果枝上萌发的副梢或促发冬芽，果实采收后 1 周，将此结果枝压入土中，培养为下一年的结果母枝。其余结果枝全部疏除。

(3) 压条

压条的方法是，在南北立柱的另一侧（西侧），紧靠定植沟挖压条沟，压条沟的规格、挖掘方法、施肥量、填埋方法等与定植沟相同。

当混有肥料的土填至离地面 20 厘米时，把土踏实，将保留的枝蔓弯曲，压入沟中，并继续填土，将枝蔓埋住，枝蔓先端露出地面 50 厘米，离母株 60 厘米，离南北立柱 30～40 厘米，压条枝蔓相距 25 厘米左右。压条沟填平后，将土踏实并起垄，灌足水。当新梢长过第一道铁丝高度时，将其平均分别绑到双篱架的两个架面上（图 20）。

(4) 轮换压条

第三年葡萄采收前枝蔓处理、采收后压条处理的方法与第二年基本相同。所不同的，一是压条沟的位置位于南北立柱的另一侧（东侧），也就是定植沟的位置；二是挖压条沟时将第一年定植的植株剪断刨掉，挖沟的同时把土中原母株所有根清理干净。

以后每年在立柱两侧轮番进行压条。

图 20　葡萄压条更新后生长状

103. 保护地葡萄休眠期如何管理?

葡萄落叶后进入休眠，落叶至再萌芽这段时间为休眠期。这里主要介绍休眠期升温前的管理。

(1) 修剪

葡萄修剪在霜降后进行。篱架的结果母枝剪留 1.5～1.8 米，温室前部、大棚边沿根据设施高度确定，结果母枝顶端离薄膜要有 30～40 厘米的距离。棚架根据架面长度和树形确定结果母枝的剪留长度，龙干形整枝短梢修剪，扇形整枝长、中、短混合修剪。

(2) 清园

清理设施，清除枯枝落叶、杂物。

(3) 促眠

采用“人工降温暗光促眠”技术，尽早满足休眠的需冷量要求。辽宁南部地区，一般在10月下旬至11月上旬，扣棚覆盖保温材料，进入休眠期管理。设施内保持0～7℃的温度，同时保持土壤基本不上冻。葡萄不同品种的休眠时间参考表13。

(4) 防寒

不加保温材料的塑料大棚，可在葡萄霜打落叶后，修剪下架防寒。

104. 保护地葡萄催芽期如何管理?

葡萄休眠后期，开始升温进入保护地生产阶段，至发芽前为催芽期。

(1) 确定升温日期

升温日期由设施保温能力、休眠期长短（表13）、果实发育天数、果实成熟期决定。如果需要果实尽早成熟上市，在设施保温达到要求，品种休眠期是限制因素，完成休眠后应该马上保温升温。例如在辽宁熊岳地区温室于11月上、中旬扣膜覆盖草苫促眠，巨峰系品种（欧美杂交种），在涂抹石灰氮的情况下，12月下旬即可升温；而欧亚种群的乍娜品种于1月中下旬升温。

塑料大棚的升温时间因各地气候条件而异，在辽宁南部一般可在3月中下旬开始升温，改良式大棚可适当提早升温。

(2) 温度、湿度管理

这一阶段升温的重点在于地温而不是气温，设施内气温较地温升高容易，如果气温升高过快，而地温偏低，则根的活性差，吸收肥水困难，容易造成花穗质量差，坐果率低。因此，升温要缓慢，以便地上、地下升温同步。

第一周白天温度控制在 15～20℃，夜间温度保持在 6～10℃，第二周白天控制在 18～20℃，以后白天控制在 20～25℃，夜间保持在 10～15℃为宜。

升温催芽后，灌一次透水，增加土壤和空气湿度，使相对湿度保持在 80%～90%。

(3) 土肥水管理

土壤覆盖地膜，既保水也有利于土壤升温。

升温后葡萄萌芽前 666.7 米^2 追施尿素 15 千克，促进萌芽整齐和花芽继续分化。施肥后浇水。

(4) 病虫害防治

清园或升温后，喷施 1 次 3～5 波美度的石硫合剂。

105. 保护地葡萄新梢生长期如何管理?

葡萄新梢生长量大，一年有两次生长高峰。第一次是主梢生长为主，从萌芽展叶开始，生长速度逐渐加快，开花前生长达到第一次高峰。此后，随着开花和果穗生长，新梢生长转缓。第二次生长高峰，是从种子中的胚珠发育结束后开始的，随着果实生长加快，新梢生长减慢，第二次生长高峰是副梢大量发生期。葡萄新梢不形成顶芽，只要气温适宜，新梢会不停地生长。萌芽后至开花期，主要有以下管理。

(1) 温度湿度管理

为保证花芽分化的正常进行，控制新梢徒长，白天温度控制在 25～28℃，夜间温度保持在 10～15℃。

萌芽至花序伸出期，空气相对湿度控制在80%左右，花序伸出后控制在70%左右。

(2) 新梢管理

①抹芽定梢。通过抹芽去掉部分嫩梢，能够节省树体养分，促进保留芽的生长。抹芽在萌芽后进行，一般进行1次。

篱架葡萄，距地面50厘米以内不留新梢，及时抹除。主蔓上每20厘米左右留1个结果枝，一个主蔓留5～6个结果枝，即每株树留5～6个结果枝。棚架葡萄，水平架面主蔓上每20～25厘米留1个结果枝，即每米^{2}架面留8～10个结果枝。在保证留足芽的情况下，抹去弱芽、过密芽、无用的萌蘖、副芽、畸形芽等。

②引缚。引缚即绑蔓，篱架管理的葡萄及时将新梢均匀地向上引缚在架上，避免新梢交叉，双篱架叶幕呈V字形，保证通风透光，立体结果。棚架管理的将一部分新梢引向有空间的部位，一部分新梢直立生长，保证结果新梢均匀布满架面。

③摘心。新梢摘心，能抑制延长生长，使养分流向花序，开花整齐，提高坐果率，叶片和芽肥大，花芽分化良好。

结果枝摘心在开花前3～5天或初花期进行，花序以上留5～7叶摘心。

④副梢处理。副梢处理在开花前开始，一年进行3～5次，第一次与新梢摘心同时进行。

副梢处理各地做法不一样，一种做法是主梢摘心后，顶端只保留2个副梢，其余各节的副梢全部去掉，保留的2个副梢留2～4叶摘心，副梢上再长出二次副梢，仍留2～4叶摘心。另一种做法是结果枝花序以下、发育枝5节以下各节的副梢全部抹去，以上各节的副梢留1片叶摘心。副梢上再发生副梢，仍留1片叶摘心，反复进行。当叶片过多时，剪回到第一次摘心的部位。不管采用哪种方法，以保证结果枝有足够的叶面积为原则。

每个结果枝一般须保证有14～20个正常大小的叶片。

⑤去卷须。新梢上生长着卷须，它着生在叶片对面，卷须若不加以处理，将在架面上缠绕，影响新梢、果穗生长，给绑蔓、采收、冬剪和下架等操作带来不便，而且，卷须还消耗养分，所以应该结合葡萄植株管理的其他工作，随时将卷须摘除。

⑥扭梢。为了使结果枝在开花前长势一致，当顶端较旺新梢长到20厘米时，将基部扭伤，使生长速度放慢，以便使较弱结果新梢在开花前赶上。

(3) 花序处理

葡萄的花序为复总状花序或圆锥花序，在主轴上有多个分枝。花序着生在结果枝的第3～8节，将来发育成果穗，花序处理对产量和质量至关重要。葡萄的花序处理有疏花序、掐序尖、去副穗三项内容，这三项处理一般是在开花前结合摘心、处理副梢、去卷须等同时进行。

①疏花序。将多余的花序去掉称为疏花序，植株负载量过大时疏去过密、过多及细弱果枝上的花序，可以调整负载量，减少养分消耗，提高坐果率和果实品质。疏花序在结果枝长到20厘米至开花前进行。疏花序采用“壮二中一弱不留”方法，即强壮的果枝留2穗，中庸果枝留1穗，弱果枝不留果穗。留花序的数量，总的原则是应当满足该品种果实达到正常质量所要求的叶片数。

②掐序尖。葡萄一个花序中约有200～1 500个花朵，大部分在坐果期脱落。掐序尖可以使养分供应集中，减少花朵脱落，使坐果数量达到生产要求，并且使果穗紧凑，果粒大小整齐，提高果实品质。掐序尖时间在开花前1周左右，用手将花序先端掐去全长的1/5～1/4。

③去副穗。在花序基部有一个明显的小分枝，为副穗。去副

穗就是将花序的副穗掐去。

(4) 肥水管理

开花前一周，每株施 50 克左右氮磷钾复合肥，或腐熟的粪水每畦 15 千克右，保证开花坐果对肥水要求。

追肥后灌一次水，促进新梢生长，保证花期需水。最好管道膜下灌水，避免温室内湿度过大，发生病害。

(5) 病虫害防治

开花前喷施 1 次甲基托布津或用百菌清进行一次熏蒸，防治灰霉病和穗轴褐枯病等病害，或喷 1 次 70% 可湿性代森锌 800 倍加氯氢菊酯 1 500 倍液，防治穗轴褐枯病、黑痘病和蓟马等病虫害。

棚室内不宜喷施波尔多液，以免污染棚膜。

106. 保护地葡萄开花期如何管理?

(1) 加强温度、湿度管理

葡萄的授粉受精对温度要求较高，当日平均温度稳定在 20℃时，欧亚种露地葡萄进入开花期。花期最适温度为 25～30℃，在此温度下花粉发芽率最高，可在数小时内完成受精过程。气温高于 35℃以上时，开花受到抑制。据试验巨峰葡萄花粉发芽在 30℃时最好，低于 25℃授粉不良。因此，花期白天温度控制在 28℃，不低于 25℃。夜间温度保持在 16～18℃，不低于 10℃。

空气相对湿度控制在 50%～65%。

(2) 提高坐果率

在开花前或开花初期喷 0.1%～0.2%的硼砂水溶液，可提高葡萄花粉发芽能力，提高坐果率。开花期不宜施肥浇水，水分剧烈变化容易引起落花落果。

(3) 确定负载量

保护地栽培条件下，每米^{2}有效架面留4～5穗果，666.7米^{2}产量控制在2 000～2 500千克。

107. 保护地葡萄果实发育期如何管理?

葡萄开花后，经过授粉受精，子房发育成果粒，花序变成果穗。花序梗发育成穗梗。葡萄果实的发育分为三个时期：第一期在座果后5～7周，果实迅速生长；随后进入第二期生长缓慢，持续2～3周；再进入第三期浆果后期膨大期，糖分迅速增加，酸减少，果肉变软，持续5～8周，直至果实成熟。不同品种果实发育天数不同。

(1) 温湿度管理

在果实发育期，白天温度控制在25～28℃，夜间温度控制在16～18℃，不高于20℃，不低于3℃。果实着色期，白天温度控制在28℃，夜间温度控制在18℃以下，增加温差，有利于着色。

空气相对湿度控制在50%～60%，控制病害的发生。

(2) 新梢管理

及时处理副梢、卷须。在果实上色前剪除不必要的枝叶，对结果新梢基部的老叶，可打掉3～4片，促进果实上色和成熟。在果实开始着色时，在主蔓或结果枝基部环剥，可将营养截留在地上部，促进果实生长和着色。采收后的结果枝及时处理，改善光照条件，促进其他果实的成熟。

(3) 果穗管理

坐果后，要进行果穗整理、疏果等项工作。

①顺穗。就是把搁置在铁丝上或枝叶上的果穗顺理在架下或架面上。结合新梢管理，把生长受到阻碍的果穗，如被卷须缠绕或卡在铁丝上的果穗，轻轻托起，进行理顺。一天中以下午进行为宜，因这时穗梗柔软，不易折断。

②摇穗。在顺穗的同时，进行摇穗。将果穗轻轻晃几下，摇落干枯和受精不良的小粒。

③拿穗。把果穗已经交叉的分枝拿开，使各分枝和果粒之间都有一定的顺序和空隙，这样有利于果粒的发育和膨大，也便于剪除病粒，喷药时使药物均匀地喷布到每个果粒上。拿穗在果粒发育到黄豆粒大小时进行。

④疏果。有些品种要进行疏果，疏果就是去掉果穗上过多的果粒，促使剩余的果粒肥大，防止果粒过于紧密。

疏果一般在花后15～20天，落花落果后，果粒如黄豆大小时，结合果穗整理同时进行。用疏果剪或镊子疏粒。主要对果穗中的小粒果、畸形果及过密的果进行疏除，也可根据商品果的要求，确定每穗的留粒数和距离。巨峰群品种一般每穗留12～16个分支，上半部分每一分枝留2～3粒，下半部分每一分枝留4～5粒，每穗保留50～60个果粒，每穗重量控制在0.5千克左右。

⑤植物生长调节剂应用。巨峰品种在盛花末期，用赤霉素20～25毫克/升浸蘸果穗可以提高坐果率，再隔15天左右，用30毫克/升溶液浸蘸果穗，可增大果粒和果穗，并促进着色和成熟。乍娜、玫瑰香品种在花后10～15天用赤霉素100～200毫克/升浸蘸果穗，不仅提高坐果率，而且也促进浆果着色和成熟。对无核白鸡心葡萄品种，在花后5～10天，用赤霉素30～50毫克/升溶液浸蘸果穗，可使果粒、果穗增大2倍，并促进提早

成熟。

在浆果成熟开始期，用乙烯利100～500毫克/升溶液喷布，可促进浆果着色，提前7～10天成熟。但喷布乙烯利之后，果粒和果柄易产生离层而落粒。因此，要掌握好浓度，分期喷布，分期采收，以防造成损失。

⑥采收前果穗整理。果实生长后期、采收前还需补充一次果穗整理，主要是除去病粒、裂粒和伤粒。

(4) 肥水管理

幼果膨大期，追一次氮磷钾比例为2∶1∶1的复合肥，每株50克左右。也可随灌水施发酵好的鸡粪水，每畦10千克左右。果实第二生长高峰追一次以磷钾为主的复合肥，每株30～50克。有条件的可追施草木灰500～1 000克。进入果实着色期后，要控制肥水，进入采收期后应停止灌水。

在果实发育期内，每10～15天喷1次叶面肥，前期喷0.2%的尿素，后期喷0.2%～0.3%的磷酸二氢钾。

(5) 病虫害防治

在果实发育期危害果实的主要病害有白腐病、炭疽病等。可在坐果后2周左右喷一次50%福美双可湿粉剂500～700倍液，以后每半个月喷1次杀菌剂，可用福美双和百菌清可湿粉剂800倍液交替使用。为了降低温室内湿度，也可用百菌清烟雾剂熏蒸，每10天左右熏蒸一次。

(6) 果实采收与包装

葡萄的果穗成熟期并不一致，应分期分批采收。采收应在早晚温度低时进行。用疏果剪去掉青粒、小粒，然后根据果穗大小、果粒整齐度和着色等进行分级包装。

108. 保护地葡萄果实采收后如何管理?

果实采收后，即可将棚膜去掉，实行露天管理。

(1) 修剪

篱架在果实采收后及时将主蔓在距地面30～50厘米处回缩，促使潜伏芽萌发，培养新的主蔓，即来年的结果母枝。已经培养预备枝的则应回缩到预备枝处。这项工作最好在6月上旬完成，最迟不能超过6月下旬。

棚架葡萄修剪如采用长梢修剪，同样将结过果的主蔓部分回缩到棚架的转弯处，有预备枝最好，培养新的结果母枝。

在设施中形成的结果枝可以作为来年结果母枝的品种，去膜后管理同露地栽培一样。

(2) 新梢管理

主蔓回缩修剪后，大约20天左右萌发。对发出的新梢选留1个按露地栽培进行管理，副梢留一片叶摘心，及时除卷须，当长到1.8米左右时或在8月上、中旬主梢进行摘心，促进枝条成熟。

(3) 肥水管理

更新修剪后，每株施50克尿素或施复合肥100～150克，施肥后灌一次水。

在新梢生长过程中应进行叶面施肥，促进新梢生长健壮，保证花芽分化的需要。

9月上中旬施基肥，每666.7米^{2}施有机肥5 000千克，即1株5千克左右。

(4) 病虫害防治

修剪或更新后，生长前期喷布石灰半量式波尔多液 200 倍液，防治葡萄霜霉病，以后可喷等量式波尔多液，共喷 2～3 次，每次间隔 10～15 天。在喷布波尔多液期间可间或喷布甲基托布津、代森锰锌、大生、杜邦易保等杀菌剂防治白腐病、炭疽病等病害。也可以在 6 月下旬至 8 月中、下旬根据葡萄生长情况、气候条件，喷 3～4 次 90%乙磷铝 700 倍液，或甲基托布津 1 000 倍液等防治白粉病、霜霉病等病害。

109. 怎样进行葡萄延迟栽培?

(1) 适宜地区

在我国，从目前的情况看，年平均温度 4～8℃、冬春季日照充沛、无暴风雪，而且有良好灌溉条件的地区，最适合开展葡萄延迟栽培。而在西部一些冬季日照充沛，年均温度 4℃左右的高原地区，只要有可靠的水源和蓄水条件以及市场需求，在加强设施防寒的条件下也可以进行葡萄设施延迟栽培。在南方和华中地区，年平均温度较高，葡萄成熟较早，一般不宜进行大面积设施延迟栽培，这些地区延长市场供应可采用利用二次结果的方法来解决。

(2) 设施选择

延迟栽培主要采用大棚和日光温室，根据一个地区入冬以后气温降温状况和计划采收时间，即可确定应该采用的设施类型。由于大棚保温御寒效果明显弱于温室，因此在初冬降温较慢、气温较高和要求延迟采收时间不太长的地方，多用大棚延迟栽培。而在海拔较高、年平均温度较低、后期降温较快和需要延迟采收时间较长的地方，多以日光温室延迟栽培为主，或大棚加盖覆盖材料。

(3) 管理要点

延迟栽培管理的关键是前期要尽量延迟萌芽、开花和果实成熟。

延迟栽培采用的大棚和温室结构要以后期保温为主要目的，扣棚盖膜是在当地秋季降温之前进行，一些秋后早霜降临较早的地方，更应注意适当提早扣棚盖膜，以防止突然性降温和寒潮对葡萄叶片和果实的生长和成熟带来不良的影响。棚膜选择抗低温、防老化的聚乙烯紫光膜或蓝光膜效果较好。为了增强保温效果，在外界气温降到 0℃时，晚间必须加盖棉被或草帘进行保温。个别寒冷的年份，应进行温室内人工加温。

延迟栽培扣棚覆膜后，要注意调控温度和湿度，扣棚初期到 10 月中旬这一阶段，白天可适当放风使温室内温度和湿度不要太高，而到 10 月中下旬，随着外界温度降低，一定要注意防寒保温，一般这一阶段白天温度应该保持在 20～25℃，晚间应维持在 7～10℃之间，空气相对湿度应保持在 70%～80%之间。而到 12 月中下旬至元月份，就更要注意加强防寒保温，白天温度保持在 20℃左右，晚间在 8℃左右，最低也不应低于 5℃。

大棚延迟栽培的采收时间在 11 月上中旬，而温室延迟栽培采收时间在元旦至春节之间。延迟栽培采收结束后，温室、大棚内一定要保持 15 天左右相对较为温暖的时间，促进枝叶养分充分回流，然后再进行修剪和施肥。若植株要进行埋土防寒，则可在修剪埋土后再揭去覆盖的薄膜，并将薄膜清洁整理后放置在室内保存，以备第 2 年再用。在有些地区采用冬季温室不揭膜，葡萄在设施中越冬，在植株上只进行简单的薄膜覆盖和简易埋土防寒，这时可在修剪后及早施肥和进行冬灌。

110. 怎样推迟葡萄生长发育和果实成熟?

（1）利用自然环境

选择温度较低、海拔较高的地方，以延迟发芽、延迟开花，发育进程相应拖后，从而延迟果实成熟。

（2）使用植物生长调节剂

延迟葡萄果实成熟较好的生长延缓剂是ATOA（2-苯并唑噻氧基乙酸）。幼果果实生长到开始成熟时，在果穗上喷布1～2次10～15毫克/千克浓度的ATOA药液能明显延迟果实成熟，但应该注意的是药液浓度不能高于20毫克/千克，否则会产生药害，另外葡萄叶片对该药较为敏感，喷药时千万注意不要将药液喷布到叶片上。

同时在葡萄上色后，喷布50～100毫克/升的萘乙酸和1～2毫克/升的赤霉素混合溶液，也能明显延迟葡萄的成熟过程，并防止成熟后的果粒脱落。

（3）控制环境条件

在延迟栽培的生长季中，尤其是7～8月份，采用遮阳网降低温度和光照强度，控制葡萄的生长速度，延缓果实成熟过程，促进果实延迟成熟。

秋后采用灌水降温等措施延缓推迟葡萄果实的生长发育。

（4）果实套袋

果实套袋是延迟栽培中必须采用的一项技术措施，在高海拔地区它不仅能延迟果实的成熟，而且能防止高原地区紫外线过强、果实上色过深，这对于一些鲜红色品种，如红地球等就更为重要。

111. 怎样进行葡萄促成兼延迟栽培？

葡萄的促成兼延迟栽培是通过结二茬果实现的，即利用葡萄具有一年多次结果的习性，采用设施使葡萄提早成熟，利用二茬果实现延晚上市。

葡萄开花才能结果，开花必须形成花芽。葡萄新梢的叶腋间形成两个芽，一个是冬芽，一个是夏芽。冬芽一般今年形成，经过冬天，来年萌发，所以叫冬芽；夏芽形成后接着萌发，所以叫夏芽，夏芽萌发后的新梢叫夏芽副梢。一般在开花时新梢上的冬芽开始分化，到第二年春天芽萌动时才渐趋完善形成花芽，直至开花。

但有些品种，在适宜的条件下，可以一年多次分化，多次形成花芽，如玫瑰香、巨峰等、藤稔等品种。有人观察，甜水葡萄在山东济南一年可结 8 次果，但仅有 1～3 次果可以成熟，当然这是在露天，如果在温室中栽培，收获果实的次数还多。有些品种的夏芽也能分化花芽，葡萄一年可发出多次副梢，在这些夏芽副梢上常带有花序，当年即可开花结果，即一年结二次甚至三次果。这两种情况，都为葡萄一年多次结果奠定了基础。

葡萄的促成兼延迟栽培结二茬果，一般是利用冬芽。二次果具有皮厚、耐运、晚熟、色艳浓、含糖量高和含酸量高的特点，能延长鲜果供应期。

利用冬芽二次结果的方法是：开花前 3～5 天，在结果枝花序以上留 5～7 片叶摘心，只留顶端 2 个夏芽副梢，其余副梢抹掉。开花后一个月，将顶端的 2 个夏芽副梢抹除，强迫一次果枝上的冬芽萌发。处理后 2 周左右开始萌发，一般带有花序。冬芽萌发后的新梢叫冬芽二次枝。选留 1～2 个先端带花序的冬芽二次枝，其余疏除。冬芽二次枝萌发后 20 天左右，其上花序即可开花，在其花序以上留 2 片叶摘心。二茬果实可于 11 月左右成熟上市。

112. 怎样通过嫁接冷藏接穗进行葡萄延迟栽培?

通过嫁接冷藏接穗进行葡萄延迟栽培也是一种行之有效的方法，以红地球为例说明。

(1) 接穗剪取

接穗最好剪取粗度为 0.8～1.2 厘米结果母枝的 2～7 节枝段。因为研究表明，红地球以 0.8～1.2 厘米粗的结果母枝成花最好，且其上花芽以 3～6 节花芽质量最好。

(2) 接穗冷藏

为保证接穗冷藏良好，接穗最好先用石蜡蜡封然后再进行冷库冷藏。这样，最长藏期可达 10 个月。

(3) 接穗嫁接

嫁接时期以新梢基部老化变褐后，按照葡萄计划上市时间和葡萄果实发育期确定。嫁接部位以新梢老化部位的 4～6 节段之间。嫁接接穗数量，单株葡萄以老化新梢的三分之一到一半为宜，这样不影响第二年的葡萄产量。

九、桃保护地栽培

113. 桃对环境条件有什么要求？

按形态、生态和生物学特性，桃品种分为五个品种群：北方品种群、南方品种群、黄肉桃品种群、蟠桃品种群和油桃品种群。北方品种群树性直立或半直立，成枝力弱，中、短果枝较多；南方品种群，树性开张或半开张，成枝力强，中、长果枝比例较大，复花芽多；黄肉桃品种群，树性较直立或半开张，生长势强，成枝力较北方品种群稍强，中、长果枝比例亦稍多，果皮与果肉均金黄色；蟠桃品种群，树性开张，成枝力强，中、短果枝多，复花芽多，果实扁圆形；油桃品种群，果实光滑无毛。桃对环境条件的要求分述如下。

(1) 温度

桃对气候条件要求不严，除极热、极冷地区外均可栽培，但以冷凉温和气候生长最佳。在年平均温度为8～17℃，生长期平均气温在13～18℃地区均可栽培。

桃树的生长适温为18～23℃，果实成熟适温24.5℃。如果温度过高，则果顶先熟，果肉味淡，品质下降，且枝干也易灼伤。夏季土壤温度高于26℃，新根则生长不良。

桃树具一定耐寒力。冬季严寒和春季晚霜是桃栽培的限制因子，一般品种在－22～－25℃可能发生冻害。有些花芽耐寒力弱的品种，如五月鲜、深州蜜桃等，在－15～－18℃时即遭冻害。

桃花芽萌动后，－1.7～－6.6℃即受冻，开花期－1～－2℃、幼果期－1.1℃受冻。

桃树一般栽培品种的需冷量为500～1 200小时（表16）。

表16　桃品种低温需求量

品　种	低温量（小时）	品　种	低温量（小时）
春蕾	850	五月火	550
早醒艳	117	早红宝石	600
早霞露	850	NJN72	900
春花	850	阿姆肯	800
雨花露	800	NJN76	800
庆丰	850	瑞光3号	850
玛丽维拉	250	早红2号	500
仓方早生	900	早露蟠桃	700
五月鲜	1 150		

(2) 光照

桃树喜光，对光照反应敏感。光照不足，树体同化产物减少，根系发育差；枝叶徒长，落花落果严重，产量降低，果实品质下降；花芽分化少、质量差，内部小枝迅速枯死，树冠内部光秃，结果部位上移外移，这一点比其他果树尤为明显。但夏季直射光过强，也可引起枝干日灼，影响树势。一般南方品种群的耐荫性高于北方品种群。

(3) 水分

桃树对水分反应敏感，尤其开花前后和果实第二次迅速生长期必须有充足的水分。桃树不耐涝，在桃园中连续积水2昼夜就会造成落叶，甚至死亡。

（4）土壤

桃树适宜在土质疏松、排水良好的沙壤土或沙土地上栽培。要求土壤含氧量在10%～15%，过于黏重土壤，易患流胶病。在肥沃土壤上营养生长旺盛，易发生多次生长，并引起流胶。桃树在pH4.5～7.5范围内均可生长，最适pH为5.5～6.5的微酸性土壤。在碱性土中，当pH在7.5以上时，由于缺铁易发生黄叶病。桃树最忌重茬。

114. 桃保护地栽培适宜的品种有哪些？

适合保护地栽培的桃品种一般应具有早熟、自花结实率高、丰产、综合经济性状优良、需冷量低、促早效果好、树势中庸、树形紧凑或矮化、耐湿、耐弱光等性状。延迟栽培时，应为优质、丰产、极晚熟优良品种，需冷量不用考虑。目前，我国保护地栽培的桃品种基本上是从现有的露地栽培品种中选择出来的，还没有专用的保护地品种。

生产上常用的保护地栽培优良品种，普通桃品种有早醒艳、春艳、春雪、春蜜、沙子早生、早凤王等。油桃品种有曙光、丽春、中油4号、中油5号、中油11号、早油二号、早红2号、千年红、双喜红、玫瑰红等。蟠桃品种有早露蟠桃、瑞番13、瑞蟠14等。延迟栽培的品种有中华雪桃、中华冬桃、白雪红桃等。

（1）早醒艳

果实卵圆形，果顶尖。平均单果重152克，最大果重351克。果皮桔黄色，向阳面有红晕，茸毛少而短。果肉黄色，硬溶质，汁多。果实比较耐贮运。果实生育期75天，在辽宁省南部地区11月中旬开始升温，12月上旬开花，3月上中旬果实开始成熟上市。

该品种成花容易，当年定植苗，第二年开花株率可达100%。自花结实率高，不用配置授粉树。

(2) 春艳

果实近圆形，果顶向下凹陷，缝合线较深。平均单果重132克。果皮底色乳白，果面鲜红色，被少量茸毛，果皮薄，较光滑，色泽艳丽。果肉白色，细脆多汁，味甜，有香气。耐贮运。

以中长结果枝结果为主。自花结实率高，丰产性能好。采前落果轻，无裂果。

(3) 千年红

果形圆整，平均单果重80～100克。果实色泽鲜艳，果面85%着鲜红色。果肉橙黄色，硬溶质，风味甜，可溶性固形物含量11%。粘核，不碎核。果实较耐贮运。果实发育期55天，在郑州地区露地5月25日左右成熟。

丰产性好。是我国果实发育期最短的甜油桃品种。

(4) 双喜红

果实圆形，两半部对称，果顶圆平。平均单果重180克，最大果重250克。果皮橙黄色，果面80%～100%着红色至紫红色。果肉橙黄色，硬溶质，风味浓甜，可溶性固形物含量13%。离核。肉质硬，果实耐贮运。郑州地区露地6月20～25日成熟，果实发育期85天。

(5) 玫瑰红

果实椭圆形，两半部对称。平均单果重150克，最大果重200克。果皮底色乳白，近全面着玫瑰红色，美观。果肉乳白色，硬溶质，风味甜，可溶性固形物含量12%。半离核。在郑州地区露地6月底～7月初成熟。极丰产。

(6) 中油桃5号

果实短椭圆形或近圆形，果顶圆，偶有突尖，缝合线浅，两半部稍不对称。平均单果重166克。果皮底色绿白，大部分或全部着玫瑰红色。果肉白色，硬溶质，果肉致密，风味甜，可溶性固形物含量11%，粘核。耐贮运。在郑州地区露地4月初开花，6月中旬果实成熟，果实发育期72天。

丰产。有裂果现象。适应性强。

(7) 曙光

果实近圆形。平均单果重125克，最大果重210克。全面着浓红色。黄肉，风味甜，有香气，硬溶质，可溶性固形物含量10%，品质中上。果实发育期65天，在郑州地区露地6月初成熟。

(8) 早红2号

果实圆形，平均单果重160克，最大果重212克。果皮底色黄色，果面着红色霞晕，有光泽。果肉橙黄色，硬溶质，耐贮运，常温下可自然存放一周左右。果实发育期90～95天，辽宁熊岳地区日光温室内，1月中旬开花，果实4月中、下旬成熟上市。

树势强健，成花容易。各类枝均能结果。复花芽多，花粉多，自花结实率高，丰产。

(9) 早露蟠桃

果实扁圆形。平均单果重103克，最大果重140克。果皮黄白，具有玫瑰红色晕。果肉白色，肉质细，微香，风味甜。果实发育期60～65天，在北京地区露地6月中旬成熟，辽宁南部熊岳地区日光温室内，1 月中下旬开花，4 月上旬果实成熟上市。

树势中等，树姿开张，复花芽多，各类果枝均能结果，坐果率高，丰产性好。

（10）中华雪桃

平均单果重 350 克，最大达 1 000 克以上。果皮红色，极美观，果肉白色，近核处有放射状红线，味甘甜清香，有真正的野生桃木香气，果品极优。果实生长期 210 天，温室栽培 12 月份成熟。

115. 桃保护地栽培怎样栽植？

（1）栽植时间

一般是春栽，在 3 月下旬至 4 月份。秋栽在 10 月下旬或 11 月，土壤封冻前进行。

（2）土壤准备

由于桃树根系易分泌有毒物质，经过前期的定植，土壤积累了的大量的病菌、害虫和有害物质，不利于后期作物的健康生长。所以，种植前，需对温室中的土壤进行消毒处理。

（3）栽植密度

栽培的株行距为 1～2 米×2～3 米。可采用变化密度，第一年株行距为 1 米×1.25 米，第二年 4 月至 5 月果实采收后再隔行、隔株移植出另行栽植，株行距变为 2 米×2.5 米，也可以每行隔株移出，留下的植株呈三角形栽植方式。

（4）栽植方法

栽植前在设施内按行距挖南北方向的定植沟，宽 60～80 厘米，深60～80厘米。施入充分腐熟的有机肥，每666.7米^2 4 000～5 000千克，与土充分混合并浇透水，待土壤干皮后栽植。栽植时，将苗木根系向四周均匀舒展，接着将土回填根部，边填土边压实，定植后浇水，并覆盖地膜。

116. 桃保护地栽培适宜树形有哪些？

桃幼树生长旺盛，枝条生长量大。生长中庸的枝有1～2次生长；生长强旺的枝，有2～3次生长，部分侧芽萌发形成副梢。利用这一特性，桃树可以快速整形，保护地栽培栽植当年就要完成整形。

桃树保护地栽培应选择整形容易，结果早，易丰产的树形。常用树形有纺锤形、Y字形、自然开心形等，树体一般比露地栽培小，树冠小应简化树形结构，不留侧枝和大枝组，主枝上直接着生中小枝组和各类果枝，以减少骨干枝，增加结果部位，提高有效果枝比率。温室北部、塑料大棚中部空间大，选择有主干树形；设施边缘屋面低矮处空间小，可选用二主枝或三主枝的Y字形、自然开心形。

(1) 纺锤形

主干高30～40厘米，主枝8～12个，主枝长度50～60厘米，同方向主枝间隔30～40厘米，全树高1.5～2米。主枝长度及粗度不超过中心干，无明显层次。

定植后，距地面50～70的饱满芽处剪截定干，一般应南低北高。定干后选留3～5个主枝，随中心干生长上部不断选留主枝，成形后在中心干上布8～12个主枝。

(2) 圆柱形

主干高30厘米，在中心干上分布10个左右枝组。树高

1.5～2 米。

萌芽后疏去树干 20 厘米以下的萌芽，并疏去整形带内过密的芽。5、6、7 月份进行 3 次夏季修剪，第一次新梢长到 30～40 厘米，中心干上选择生长旺盛的新梢 3～4 个，上部直立向上生长的旺长梢作为中心干延长枝，留 50 厘米摘心，其余用作培养枝组，留 30 厘米摘心。其他新梢过密的疏除，留用的拿枝到水平状态或扭梢至有空间处。第二次修剪，中心干上新长出的副梢，选留直立旺长的留 50 厘米摘心，其下选 3～4 个，留 30 厘米摘心，其余副梢拿枝到水平状态，密枝疏除。第一次修剪选留的枝组延长枝摘心后发出的副梢疏除过密的，全部拿枝到水平状态。第三次修剪，中心干延长枝处理同第二次，第一、二次修剪培养的枝组，均拿枝、拉枝到 70°～80°，中心干上的辅养枝及枝组内的新梢通过拿枝、疏枝控制生长，改善通风透光条件。

（3）自然开心形

主干高 30 厘米，3 个主枝向 3 个方向斜向延伸，主枝开张角度 40°～50°，主枝上不留侧枝，中小型枝组着生于主枝上，每个主枝选留 1～2 个大枝组、2～3 个中型枝组、3～5 个小枝组，树高 1.5～2 米。

定干高度 50 厘米，选留 3 个新梢作为三个主枝，主枝生长到 20 厘米时进行摘心，分生副梢，逐次留 10 个左右的副梢培养结果枝组。对萌生背上枝进行摘心或扭梢。

（4）Y 字形

Y 字形实际是二大主枝自然开心形。主干高 20～30 厘米，其上着生 2 个主枝，主枝角度为 50～60 度，主枝上直接着生大、中、小型结果枝组，大枝组着生在主枝的侧下方。树体高度控制在 1.5 米左右。

萌发后选垂直于行向的 2 个新梢，培养为主枝，每个主枝上各选留10个左右位置适宜的副梢培养结果枝组。

(5) 修剪

苗木萌发后，按照树形要求，选留上部新梢培养为主枝，下部的芽全部抹除。

通过反复摘心，促发副梢，在适当位置选留骨干枝，以及培养结果枝组；其余新梢达到一定长度控制生长。骨干枝长到50厘米反复摘心，每次从所发副梢中选留延长枝，直到树形要求的高度。培养结果枝组的新梢，长到30厘米左右反复摘心，直到占满空间。其余新梢长到30～50厘米，通过捋枝等控制生长，缓和长势，促进成花。特别注意背上直立枝或背上斜生徒长枝，应及时拉平，缓和树势，促进成花。密生新梢可适当疏除。

117. 桃保护地栽植当年如何管理?

桃幼树生长旺盛，枝条生长量大。生长强旺的枝，一年有2～3次生长，同时，部分侧芽萌发形成副梢，副梢还能萌发二次副梢，即三次枝，使树冠快速形成。并且各类枝条都易形成花芽。这为当年成形、当年成花、当年进行保护地栽培、来年丰产奠定了基础。

所以，保护地桃树栽植当年生长季管理，应本着前期促枝、后期促花的原则进行。定植后加强综合管理，促进树体迅速生长，尽快达到一般露地栽培所拥有枝量和叶面积；之后，施行控制树体生长、促进花芽形成的措施，当年形成足够的花芽。这样，就可以顺利的进行保护地生产。

(1) 前期管理

土壤管理方面，5月下旬去地膜。去膜后据土壤和杂草情况，多次进行中耕、除草，使土壤保持疏松无杂草状态。

施肥方面，5、6、7月份分别土壤沟施尿素10克/株、30克/株和50克/株；每月叶面喷施尿素和光合微肥各1次。也可使用其他肥料，目的是有充足的营养促进植株生长。

浇水方面，土壤施肥后和土壤干旱时及时浇水，保持土壤湿润。

使用植物生长调节剂方面，为促进生长，5月底可喷施赤霉素1次。

通过以上促长措施和合理修剪，即可形成满足来年生产所需的枝量。

（2）后期管理

土壤管理方面，从7月中旬至9月上旬，根据杂草和降雨情况，进行多次中耕，保持土壤疏松、无杂草状态。

施肥方面，8月份，间隔半月连续喷施0.3%磷酸二氯钾。

浇水方面，要控制浇水，根据降水情况，一般年份不浇水，干旱时适当浇水，封冻水必须浇。

整形修剪方面，7月下旬对旺长新梢进行拿枝，对中干进行环割，8月中旬对未停长的植株进行第二次环割。

使用植物生长调节剂方面，7月上旬每株土施多效唑（PP_{333}）1～3克，或7月底、8月初喷施15%多效唑可湿性粉剂200～300倍液，半月后喷第二次，对未停长植株9月初喷第三次。10月上旬喷400倍乙烯利，促进落叶和枝条成熟。

通过以上控长措施，即可促进形成满足来年生产所需要得花芽数量。

118. 桃保护地栽培保温前如何管理?

桃落叶后进入休眠，落叶至再萌芽这段时间为休眠期。这里主要介绍休眠期升温前的管理。

(1) 清理果园

落叶进入休眠后，以及去叶、修剪后，要清理设施，清理园地，清除枯枝、落叶、杂物等，远离棚室或烧毁，以杀死潜伏的病菌和害虫。

(2) 促进休眠

采用“人工降温暗光促眠”技术，尽早满足休眠的需冷量要求。秋季，有些桃品种不能自然落叶，可人工顺枝撸掉叶片，注意别损伤桃芽。也有用喷施8%尿素进行化学脱叶，但脱叶不宜过早，以免影响树体营养积累。然后采用“人工降温暗光促眠技术”促使桃树尽快通过休眠。

秋后干旱控水，可促使休眠期提早。9～10月份一般雨水少，桃树处在相对干旱的条件下，这时可人为捋掉叶片，立即扣棚，或先扣棚后捋叶。草苫起到挡光、降温、隔热的作用。前期白天放苫遮光，晚间收苫放风，使空气对流，温度降低，中后期自然温度较低时，草苫昼夜放下，白天降温，夜间保温。在北纬35°偏北地区，10月上旬可进行此项工作，北纬40°地区9月中旬即可进行，但一年生未结过果的树，不宜提前太早。辽宁南部地区，一般在10月下旬至11月上旬，扣棚覆盖保温材料，进入休眠期管理。设施内保持0～7℃的温度，同时保持土壤基本不上冻。

(3) 整形修剪

休眠期修剪从落叶休眠至萌芽前进行。在冬季不甚寒冷的地区，如郑州，在升温前即可进行冬季修剪。在北纬40°左右的地区，可以在升温开始时进行冬季修剪，但必须在一周内剪完。修剪方法主要采用短截、疏枝、回缩、缓放等手法。

成型树的休眠期修剪主要任务是结果枝组和结果枝的修剪。树体中、下部要注意培养大、中型结果枝组，避免出现光秃带。修剪首先去除旺枝、过密枝和病虫枝。结果枝的修剪有两种方式。

一是短截修剪，保留的结果枝一般都进行短截。短截时，北方品种群，长果枝或花芽节位高的枝，剪留7～10节或更长，中果枝5～7节，短果枝不动。南方品种群，长果枝剪留5～7节，中果枝4～5节，短果枝不动或疏剪。留枝数量以果枝间距10～15厘米左右为宜，伸展方向互相错开。结果枝组采用双枝更新方法，防止结果枝组延伸过长。结果枝修剪时要剪到复芽处，并要看花芽修剪，保证留下足够的花芽。同时，疏除过密枝和细弱枝。

二是长放修剪，就是保留长果枝结果，结果枝实行缓放修剪，结合疏剪、缩剪的方法。在骨干枝和大型枝组上每15～20厘米留一个结果枝，保留的结果枝长度为45～70厘米，总枝量为短截修剪的50%～60%。更新方式为单枝更新，结果后果实叶片使枝条下垂，极性部位转移，使枝条基部发生1～2个较长的新梢，靠近母枝，冬剪时把已结果的母枝回缩至基部的健壮枝处更新。长放修剪有人叫长枝修剪，因为保留的都是长枝，但与葡萄冬季修剪长梢修剪不是一个意思，实际是以长放或缓放为主，叫长放修剪比较确切。

设施栽培栽植密度通常较大，整形上一定要注意群体结构。如同一行树要注意前低后高，前稀后密，保证良好的通风透光条件。

119. 桃保护地栽培催芽期如何管理?

桃落叶后进入休眠，落叶至再萌芽这段时间为休眠期，休眠期中从开始保温到萌芽这段时间，保护地栽培中习惯叫催芽期。

根据栽培桃品种的需冷量多少，满足栽培桃的休眠需冷量后即可升温。一般需冷量达到800小时以上，能满足大多数桃、油桃的自然休眠要求（表16）。同时，应考虑设施的保温效果，如改良式大棚因保温效果不如温室，应晚些升温，让花期躲过1月最低温度。大规模生产时，还应考虑分批升温，控制果实成熟期，以分批上市时期，防止供应期过于集中。

（1）温度管理

设施内开始升温的温度应掌握在与露地春季的气温相似为准，不可过快，要循序渐进，有利于各种激素、营养的平衡代谢。这一时期的温度管理原则是平缓升温，控制高温，保持夜温。方法是前期通过揭开保温材料的多少控制室内温度，后期则需通过放风控制温度过高。控制标准是第一周室温保持在白天13～15℃，夜间5～8℃。第二周室温保持在白天16～20℃，夜间8～10℃。第三周以后10～22℃。特别在第三周最高温度不能超过22℃，否则影响花粉和胚囊的发育，进而影响坐果率。此后室温保持在白天20～23℃，夜间7～10℃，持续16～20天。这期间夜间温度不宜长时间低于0℃，遇寒流应人工加温。一般升温后40天左右即进入萌芽阶段。

（2）湿度管理

升温后要灌一次透水，增加土壤含水量，提高温室内的湿度，使棚室内空气相对湿度保持在70％～80％，较高的湿度有利于萌芽。

（3）病虫害防治

升温后一周左右或萌芽前喷一次3～5波美度的石硫合剂，综合防治病虫害。

(4) 土壤管理

在地上管理完成后，及早全园覆盖地膜，提高地温，保证根系和地上部生长协调一致。

120. 桃保护地栽培开花期如何管理?

(1) 温度管理

桃从升温到开花一般需要30～35天。桃开花期平均温度在10℃以上，以12～14℃最为适宜。大蕾期正是花粉粒发育时期，如果温度太高，可育花粉减少，影响授粉。盛花期正是授粉时期，花粉粒发芽和花粉管伸长要求比较高的温度，一般在18～22℃，如果温度不足，花粉管生长慢，到达胚囊前，胚囊已失去受精能力。所以白天温度最好维持在12～22℃，夜间在8～10℃，最低不能低于5℃。试验表明桃的花粉在0～2℃，发芽率为47.2%（马之胜，2003），说明桃树在开花期可以承受短时间的不低于0℃的低温。如果温度在0℃以下，就会发生冻害，花粉和胚囊发育中途死亡。所以开花期要严格控制温度，充分利用太阳光能升高温度，但不宜过高，超过22℃就要放风降温。晴天上午10点一般可以达到这个温度，要及时放风。此时不能放底风，因为“扫地风”容易伤害桃花和嫩叶；腰风开口大小、时间长短根据光照强度确定，傍晚要放草苫保温。遇寒流时要采取人工加温措施，如在温室内加炭火、燃液化气、点蜡烛等，防止低温冻害。

(2) 湿度管理

湿度对开花和授粉也有明显影响。湿度太大，易滋生病菌，发生花腐病。另外，空气水汽含量高，光照不足，花粉不易散开。但湿度过小，柱头分泌物少，也影响花粉发芽。一般空气湿度应控制在50%～60%。高温放风时，外界气流和棚内空气的交换，同时也降低了湿度。一般全园地膜覆盖，湿度不会过大。间作草莓时，注意放风降湿。

(3) 光照管理

桃花期对温度和光照反应敏感，光照又是温度的能量来源，所以光照管理至关重要。保证良好的光照要选择透光性能好的覆盖材料，聚乙烯无滴薄膜透光率为77%，是目前效果较好的覆盖材料。在保证温度的前提下，尽可能延长揭帘时间。合理密植，科学整形，保持良好的群体结构，保证行间透光，枝枝见光。选择温度好的晴天，加大扒缝通风口，让植株接受一定的直射光，提高花器的发育质量，对授粉受精有显著的促进作用。连阴天时，白天拉起草苫接受散射光。在长时间阴雪天的情况下，须人工补光，可用白炽灯、卤化金属灯、钠蒸汽灯等光源补充光照。

(4) 辅助授粉

桃多数品种可以自花授粉，但棚内光照弱、温度低、湿度大，往往影响花器的发育，以异花授粉坐果率高。所以，要进行人工点授或昆虫授粉等辅助授粉。

设施与外界隔开，昆虫极少，加上空气流动小，花粉很难随风传播，所以要进行人工授粉。

人工授粉时间：开花期每天9：00～15：00时，可连续授粉约7天。授粉工具：毛笔、铅笔橡皮头、气门芯（用铁丝、铝线或木条穿上，前端反卷）等软质具弹性又有一定吸附性的物质。授粉方法：在主栽品种开花前1～2天，采集授粉品种大蕾期的花蕾。把花蕾掰开，用右手食指轻拨，把花药拨到光滑的纸上（如硫酸纸）。在40瓦灯光下（距灯泡30～40厘米，温度在25℃左右，防止灼伤）12小时即可烤干，花粉粒散出。然后装在干净的小瓶里，就可以拿去授粉了。花粉要用塑料袋扎口（有条件的可放在干燥器内)，放在冰箱的冷冻室备用。切记花粉一定要烤干，否则极易发霉失活。授粉时选择盛开的花，用毛笔等蘸取花粉，点在花的柱头上。每授一小枝，将已授过的花朵摘掉一个花瓣，表示已授过。也可以在前一年从露地栽培的桃品种中取得大量花粉，最好是多品种的混合花粉，放在干燥器中，置于冰箱冷冻室（－18～－20℃）保存，待保护地桃开花时使用，花粉发芽率在60％～70％。或者授粉时将花粉与滑石粉按1∶10混合，装在纱布袋里，用小棍敲打布袋，花粉即可撒出。如果授粉树比例大，花芽比较多时，可以在盛花期摘授粉品种的花朵，进行“对花”。最简单的方法是戴上橡皮手套，或拇指、食指套上塑料套，捏取授粉品种的花粉，再涂到被授粉品种的柱头上。

人工授粉费工，在人力不足时，可采用蜜蜂或壁蜂、熊蜂等昆虫授粉。因为在温棚的密闭条件下，与露地环境不同，蜂的活动受限制，蜜蜂常爬在薄膜上，不采花朵，不久死亡很多。所以昆虫量要比露地多些，一般每666.7米^{2}放蜂1～2箱，于开花前3～5天将蜂箱放入温室中，盛花期蜂群即可大量活动。蜜蜂活动期间，放风口要用纱布封闭。壁蜂效果比蜜蜂好，据报道，大棚桃每666.7米^{2}用壁蜂400头左右，坐果率提高18.8％～26.1％。放蜂方法：大棚内放2个巢箱，巢箱用10千克装水果纸箱改制而成，每箱装芦苇制成的巢管12捆（每捆10管），巢管平放，管口向外，巢管口染成不同颜色，便于壁蜂识别。巢箱固定在温室北侧的墙上，距地面1.7米，箱前放湿润泥土供壁蜂筑巢用。放蜂时间为预计开花前的8～10天，将壁蜂从冷藏箱内取出，放入已钻多孔（直径1厘米）的小纸盒内（如青霉素盒），数量为500头。将小盒放在箱内的巢管捆上，有孔侧向外。如果花期早，壁蜂没有经过足够的冬季低温休眠，需要人工帮助破茧。另外利用壁蜂授粉，为了更多的回收壁蜂，要在花盆里分期栽植几株毛樱桃，待温室升温后移至室内，补充桃树开花前后的粉源（多数壁蜂生活史需要 30 天左右），也可以用间种草莓的花作为粉源。释放昆虫授粉期间不要使用农药。

（5）施二氧化碳

保护地桃树花期一般在 1 月下旬或 2 月上旬，此时外界温度过低，不适宜长时间放风解决棚内换气问题。如果花期遇阴雨天气，棚内气体组成更不适宜桃树生长，需要人工补充二氧化碳，增强树体光合作用能力，提高坐果率。

（6）修剪

桃树萌芽开花后，应将主干或着生部位不当处的芽抹除。主要是去除双芽枝、过密枝，保持树体通风透光。

121. 桃保护地栽培果实发育期如何管理？

桃果实的生长发育过程可分为三个时期：第一期为幼果迅速生长期，时间从子房膨大至果核开始木质化前，一般持续 36～40 天。此期果实体积和重量迅速增加，果核也相应扩大，不同品种增长速度大致相似。第二期为果实缓慢生长期或硬核期，从果核开始木质化到胚乳消失、子叶达应有大小，直至果核完全硬化为止。此期持续时间各品种之间差异很大，早熟品种 2～3 周，中熟品种 4～5 周，晚熟品种 6～7 周或更长。第三期为果实迅速膨大期，从果实第二次迅速生长开始到果实成熟，持续时间因品种而异，约为 35 天左右。此期果重增加量约占总果重的 50%～70%。成熟前 7～14 天，果实横径增长迅速，并随着内含物、硬度、色泽等变化，果实逐渐成熟。

（1）温、湿度管理

果实发育第一期，适宜温度为白天 20～25℃，夜温在 5℃以上。此期果实生长与昼夜温度及日平均温度成高度正相关。据试验，从3月下旬至5月中旬，自下午6时至翌日早晨8时加温6℃（在温室内），结果由对照（不加温）的50天缩短为35～40天，可见夜间温度的高低对第一迅速生长期影响很明显。硬核期对温度的反应不像第一期那么敏感。这期间温度不宜高，以免新梢徒长。最高温度控制在25～28℃以下，夜间温度控制在10℃左右。第二迅速增大期，白天温度控制在22～25℃之间，夜间温度控制在10～15℃，昼夜温差保持在10℃，产量最高而且品质佳。接近成熟期白天最高温度控制在28～32℃，夜间温度在15℃左右。温度过高或过低，品质都下降。从果实的重量与甜味看，22℃的温度果实发育最好。

空气湿度白天控制在50%～70%、夜间80%～90%为宜。

（2）光照管理

在能保证室内温度的前提下，尽可能地延长揭帘时间，以延长光照时间。要经常将棚膜擦拭干净，增加透光量。遇到较长时间的阴雪天，就要采取人工补光措施。如用碘乌灯补充光照，还可以增加空气温度，效果比较好。在果实开始着色期，温室后墙和树下铺反光幕。

（3）疏果定果

桃保护地栽培疏花是在蕾期和开花期进行，疏除对象为过密花蕾、畸形花、过晚花、病虫花。一般可疏果两次。因桃设施生产多是早熟、中熟品种，疏果时间应适当提早。第一次在落花后两周左右进行，当果实有蚕豆大小时，主要疏除并生果、畸形果、小果、黄萎果、病虫果和过密果。优先保留两侧果，去掉背上果（朝天果）。第二次疏果，在硬核期之前，即在落花后4～5周进行。留枝条中上部的单果、大型果、长形果，最后定果一般是长果枝上留大型果2～3个，或中型果留3～4个，小型果留4

~5 个；中果枝上留大型果 1 个，或中型果 2 个，小型果 2~3 个；短果枝 2~3 个留一个大型果，或一个枝留中型果 1 个，小型果 2 个。延长枝上视长势留果或不留果。总之，壮枝适当多留果，弱枝适当少留果。

设施桃树由于树体矮小，营养积累少，结果量要适度。疏果要根据树势和品种特点，预留 10%的安全系数。最后将产量控制在每 666.7 米^2 2 000 千克左右较为适宜。

(4) 果实套袋

套袋可使果面更加整洁光亮。在硬核后用白纸、黄纸袋将果实套上，成熟前一周去袋，果实即整洁鲜艳。

延迟栽培桃果采取套袋措施，可防止虫咬、裂果。套袋的时间一般在 6 月下旬到 7 月上旬果实手指肚大小时定果喷药后进行。套袋可采用牛皮纸袋。

(5) 修剪

对背上直立的新梢，未坐果部位萌发的新梢要及时抹除，以节省营养，通风透光。坐果部位的新梢，长到 30 厘米左右时摘心。摘心后发出的副梢，除顶部留 1~2 个外，其余及时反复抹掉，控制新梢生长与果实发育争夺养分。对下垂枝要及时吊起，扶助新梢生长，改善通风透光条件，促进果实发育。

对个别背上直立枝，在有空间的前提下可扭梢控制。但应与摘心配合使用，一般不提倡过多的扭梢处理。果实发育期的新梢控制不可采取多效唑处理，以利于生产无公害果品。

注意选留中下部位置适宜的枝条，培养作为下年的结果枝组。

(6) 果实着色管理

关键是在合理修剪，改善光照条件，增施磷、钾肥保证养分供应的前提下，采取下列措施：

吊枝、拉枝。果实开始着色后，阳面已部分上色，将结果枝或结果枝组吊起，使原背阴面也能见到直射光，如曙光品种90%以上的果面可以着明亮、鲜艳的玫瑰红或紫红色，商品价值提高。把原生长位置的大枝，上下、左右轻拉，改变原光照范围，使冠内、冠下果实都能着色。

摘叶。由于叶片遮挡，果实着色可能不均匀，在果实成熟前7～10天，将挡光的叶片或紧贴果实的叶片少量摘去，可以使果实全面着色。

挂反光膜。利用聚酯镀铝膜反射温室后墙的太阳光，能增加北侧树体光照25%。在开花后就可张挂，有利于光合作用。特别在果实发育期，对果实膨大、果实着色都有很好的作用。方法是在棚的最高点，由两侧山墙横拉一铁丝，将两幅1米宽的聚酯镀铝膜用透明胶纸粘成2米宽的幕布，与温室等长。上端搭在铁丝上，折过来用透明胶粘住，下部卷入竹竿或细绳中拉直。如果温室是钢架结构，可把反光膜直接钉在后墙上。

清扫棚面。每天揭苫后，用拖布或旧衣物绑在长竹竿上，将棚面尘土、草屑等杂物清扫干净。

果面贴字。在着色前将事先写好的“福、禄、吉、祥”、“恭喜发财”、“寿”、“宝”等字样（市场有出售）贴在果实上，可提高果实的商品价值。

(7) 肥水管理

保护地栽培条件下，要控制化肥的使用量和使用次数。一个生长季每666.7米^{2}的尿素使用量控制在10～20千克。提倡配方施肥，可按磷酸二铵：尿素：硫酸钾＝1：1.3：1.8的比例进行施肥。一般果实发育期内追2次肥，即落花后追坐果肥，每株追磷酸二铵50克＋尿素50克。第二次在果实硬核末期追催果肥，施桃树专用肥等各种复合肥，每株500克＋硫酸钾100克。

设施内追肥宜适当深施，开深15厘米沟，施肥后覆土盖严，防止产生有害气体和减轻土壤盐渍化。

叶面施肥，在坐果后喷施0.2%～0.3%的尿素1～2次，果实膨大期喷施0.3%的磷酸二氢钾1～2次，或喷高美施等叶面肥。在果实发育期内叶面喷肥2～4次，最后一次在采收20天前进行。

每次追肥后要及时灌水，即坐果后、硬核末期各灌1次水，果实膨大期灌1次水。距果实采收前15天左右以后，不宜灌水，以免造成裂果。

有些果农为了增大果个，在膨大期频繁浇水，水分过大，引起裂果，或湿度大后病害严重，引起裂果，弄巧成拙。应均匀供水，并减少棚内湿度，防止裂果。

(8) 病虫害防治

桃在果实发育期主要病害有桃细菌性穿孔病、花腐病、灰霉病、炭疽病、缩叶病等。主要害虫有桃潜叶蛾、蚜虫、二斑叶螨、红蜘蛛、卷叶虫等。

落花后喷布70%代森锰锌可湿性粉剂500倍液，或70%甲基托布津可湿性粉剂1 000倍液，或大生M-45可湿性粉剂800倍液，共喷3～4次，交替使用农药。在设施内湿度大的情况下，可用速克灵等烟雾剂进行病害防治。

蚜虫可在发生期喷10%吡虫啉可湿性粉剂4 000～5 000倍液，或50%马拉硫磷乳油1 000倍液防治。

二斑叶螨可在发生期喷布1%阿维菌素乳油5 000倍液防治。

桃潜叶蛾应在发生前期防治，可用25%灭幼脲3号悬浮剂1 000～2 000倍液防治。

(9) 果实采收

桃树果实的品质、风味、色泽是在树上发育过程中形成的，采收后几乎不会因后熟而有所增进，故不宜采收过早。但充分成熟后落果增加，果肉变软，风味下降，不耐运输。所以，适宜的采收期应根据品种特性、销售远近、运输工具等条件而定。一般就地鲜销宜于九成熟时采收；远地运输宜于八成熟时采收；硬溶质和不溶质桃可适当晚采；而溶质桃、尤其软质溶质桃应早采，以免在运输途中造成损失。保护地栽培桃果的采收期不一致，应按成熟的早晚分期分批采收。采摘宜在早上或傍晚温度较低时进行。

采摘时要戴手套，做到轻采、轻拿、轻放、轻运，避免碰伤和挤压果实，采摘要带果柄。采收过程要保持清洁、卫生、无污染。采果的同时，还可将原果实附近的新梢留 3～4 节短截，为下部果实打开光路，促进下部果实着色成熟。

采收后进行分级、包装。在进行运输储藏前，先使果实预冷，待果温降至 5～7℃后再进行贮运。贮藏适温为 1～2℃。采收的果实经过选果分级后装箱，通常用聚乙烯保温箱 5 千克装。

运输时也要轻装轻卸，尽量避免机械损伤。

122. 桃保护地栽培果实采收后如何管理?

(1) 整形修剪

整形修剪一般在果实采收后 1～2 周进行，如早红珠、阿姆肯等品种在辽宁熊岳地区 4 月上旬即可采收完结，可在 4 月末进行修剪，在 5 月份采收结束的应采收后立即修剪。整形修剪主要任务是保持树形，促发二次梢，培养好来年的结果枝。

首先是树形压缩。由于桃树的生长结果习性和生产要求决定，第一年已经形成树形并大量结果，所以，要保持原有树形，各级骨干枝必须回缩，以便腾出再次生长的空间，同时保持树形，防止结果部位外移。一般中心干回缩 1/3 左右，主枝回缩

1/2 左右，回缩时同冬季修剪一样，选留好剪口枝，使骨干枝重新延伸。剪口枝剪留长度，中心干延长枝 15～25 厘米，主枝延长枝 10～20 厘米。发出的新梢（副梢）培养按照第一年整形修剪进行。

其次是枝组回缩。枝组回缩 1/2～2/3，同样选留好剪口枝，使枝组枝重新延伸。剪口枝剪留长度 10～15 厘米。

最后是新梢处理。选择中庸健壮新梢，10 厘米左右留 1 个，留 2～4 节短截。再发出的新梢（副梢），去强去弱留中庸，培养来年结果枝。

除以上方法外，也可以进行树形转化，如由纺锤形变为水平扇形，或扁纺锤形，或栅篱形。方法是，在中心干离地面 0.5 米处南北各留一个主枝，向上 0.8 米第二层南北各留一主枝，再上 0.7 米各一主枝，下长上短，基本拉平，温室后部 3 层，中间 2 层，前部 1 层。中干和主枝上每 10 厘米左右留一个新捎，左右分布，留 2～4 个芽短截。

培养结果枝。回缩的新梢萌芽（副梢）后，进行夏剪，对过多、过旺的新梢及时疏除，留中庸枝、平斜枝培养结果枝。个别较壮新梢，在有空间的情况下，可在 15～20 厘米时摘心，利用三次枝培养结果枝。摘心只能进行一次，分枝级次越多花芽分化越不好。树体成形后，生产上不提倡用摘心方法。通过培养结果枝达到两个目的，一是调整新梢密度，使每 666.7 米^2 保留 1.2 万～1.5 万个新梢。二是调整新梢的整齐度，使留下的新梢均匀一致，便于利用多效唑抑制新梢生长，促进花芽分化。

(2) 肥水管理

整形修剪后进行一次追肥和灌水，每株沟施复合肥 150～250 克，施肥后全园灌透水。此后主要管理是除草和排水。

9 月上、中旬进行秋施基肥，基肥以腐熟的鸡粪、猪粪、豆饼等有机肥为主，并适量混入复合肥和氮肥提高肥效。每 666.7

米^2 用3 000～5 000千克有机肥，掺入25～40千克复合肥，基肥沟施（深40厘米左右）或全园地面撒施，撒后要进行翻耕，将肥料翻入20厘米土层以下。施基肥后浇水。

在露地管理过程中，只要是不过于干旱不必灌水，防止新梢生长偏旺。雨季要严格控制水分，注意排除树盘中的积水，保证桃树正常生长。

（3）使用多效唑

喷施多效唑（PP_{333}）可导致营养生长减缓，有利于花芽形成。2～3年生桃树，当新梢长到20厘米左右时，即可喷布1～2次多效唑，两次间隔10～15天，第一次喷300～500倍液，第二次喷200～300倍液。树势生长旺的喷施浓度可稍大，弱树浓度要小或不喷。通过喷施多效唑，将大量的新梢长度控制在30～40厘米，形成较多的复花芽，适时进入休眠，为下一个生产过程打下良好基础。

（4）病虫害防治

生长季主要病虫害有桃细菌性穿孔病、桃潜叶蛾、蚜虫、二斑叶螨、红蜘蛛、桑白介壳虫、卷叶虫等。

选择杀菌剂有：72%农用链霉素、70%甲基托布津、多菌灵；杀虫剂有25%灭幼脲3号悬浮剂、40%速扑杀、6%扑虱灵可湿性粉剂、螨死净、克蚧灵、蛾螨灵及菊酯等。

还可在主干和主枝上绑草绳或草把，诱集害虫，晚秋或早春取下烧死害虫。

123. 桃保护地延迟栽培如何控制温度？

所谓延迟栽培是通过选用晚熟品种和抑制果树生长的手段，使果树推迟生长和果实成熟，实现果实在晚秋或初冬上市。桃延迟栽培主要是在选用晚熟品种的基础上，通过温度调节，抑制、推迟生长和果实成熟。

(1) 早春

延迟栽培必须在早春采取盖严草苫和加冰墙的方法降低温室温度，使桃树延迟开花15～45天。冬季严寒时，用方筐衬塑料装水自然冷冻，靠温室后墙摆放，高1.5米左右，宽70厘米。3～5月份气温回升，冰墙在吸收周围热量的同时，可使温室温度维持7℃以下约50天左右。5月上旬以后室内冰块逐渐融化，温度升高，当桃树遇日平均气温8℃时即可萌动，达到9℃时桃树含苞待放，这时，揭开草苫，使其在露地上开花结果。

(2) 秋后

立秋以后，天气逐渐转凉，应提早扣膜保护正在生长的桃果。覆膜最晚不超过9月份，加盖草苫最晚不超过9月10日，以防由于气温下降，使果实发生未熟先软的假熟现象。扣膜后应严防高温，白天最高温不超30℃，夜间最低不能低于10℃。进入11月份后，还应该注意设火炉增温，否则遇特冷天气，温室内温度会下降至5℃以下。为创造一个落叶休眠的环境，摘果后应让树体缓慢休眠，最佳温度是6～－6℃。温室桃树在严寒的冬天最好不要低于－10℃，遇特大低温可白天揭苫增温，增温时不可超过7℃。

124. 果树一边倒栽培是怎么回事?

所谓果树一边倒栽培是指木本果树整株向西或向南倾斜45°左右，使整个园片的植株倒向一个方向的一种栽培模式。这种模式在保护地桃树栽培中应用效果最为明显。

一边倒的树，树干倾斜45°，树形类似单个主枝，无侧枝，直接着生结果枝组。南北成行向西倒，东西成行向南倒，全园所有树体都伸向同一方向。露地栽植株距 1～1.3 米，行距 2.5 米，666.7 米^{2}205～206 株，保护地栽植株距 0.75～1 米，行距1.8～2 米，666.7 米^{2}333～500 株。

一边倒的树干要求倾斜 45°，如果小于 45°，因顶端优势过强，造成上强下弱，基部易光秃而影响产量。如果大于 45°，主枝背上易发生直立旺枝，修剪量大，影响产量；下部光照不良，影响果实质量；树下空间太小，不便于生产管理。树干倾斜 45°承压力较大，基本不用支撑就能负载高产量。南北行向西倒是因为下午的光照比上午的光照强；东西行向南倒是因为树干倾斜 45°时，中午的强光照不能直射树干背后的果实，果实被强光照射并不好。露地栽植株距 1～1.3 米为宜，小于 1 米导致株间结果枝组交叉而光照恶化。超过 1.3 米须培养侧枝才能占满空间，那样会导致株间侧枝交叉而光照恶化。行距 2.5 米为宜，是因为树干以 45°倾斜任其生长，当长到 3.5 米左右时便自动缓和长势，使营养生长和生殖生长趋于平衡，这时的树干投影恰至行距 2.5 米处。同时 2.5 的行距可以便于机械化作业。保护地栽植时株距是 0.75～1 米，行距是 1.8～2 米，因为保护地栽培，今春栽树，明春丰收，缩短结果周期才能使农民获取高效益。

125. 果树一边倒栽培有什么好处?

(1) 早果

采用一边倒栽培技术，露地栽植桃树第二年 666.7 米^2 产 1025 千克，第三年即可进入盛果期，666.7 米^2 产 3 150 千克，第四年达 3 867 千克。保护地栽植第二年即可丰产，666.7 米^2 产量达 2 500 千克以上。因采用一边倒树形栽植密度大，露地栽后 2 年内枝叶满园，保护地栽后 1 年内枝叶满园，树体拉倒即成形。成形快，能尽早充分利用光能、地力，因而能早期丰产。

(2) 高产

一边倒树形只有一层枝，全部平行排列，无株间和行间挡光现象，背后枝也见光，全树上下内外光照良好，均能结果。树干与地面夹角45°，主枝伸展至3.5米左右，即伸展至行距2.5米处时长势已缓和，且全树很少发生直立旺枝，修剪量小，营养生长和生殖生长平衡。依靠群体形成产量，露地栽植株产15～25千克，保护地栽植株产5～10千克，可获得高产。

(3) 优质

一边倒树形的光照好，各部位的果实大而端正，而且着色美、糖度高、品质优。果实的可溶性固形物含量平均为12.9%，着色面2/3以上的果实占69.2%。

(4) 易管理

一边倒树形树体矮小，结构简单，不用上树，伸手即可触及树顶，同时树下空间较大，即使2.5米的行距也可以机械化耕作，人可以在树下直立行走。因此，整地、施肥、浇水、喷药、修剪、授粉、疏果、套袋、采收等非常方便，可以节省工时，降低成本。

126. 桃树一边倒栽培怎样进行整形修剪？

(1) 栽植第一年

定植的苗木发芽后，立即抹去砧木芽，其余芽不抹。每株留先端1个长势最旺的新梢做树干延长头，延长头上的萌芽一律保留。其余新梢长至30厘米拧平，缓势，促花早结果。生长季节除捋枝外，对所有新梢都不摘心，以免影响其伸展和发出过多无用的小弱枝。树高 2 米左右时，在主干两边插上小竹竿，把捋平的枝都绑缚在竹竿上，调整到行向上来，使树体看上去就像一个扇面，或像竖着的鱼骨。7 月份将树干拉倒。露地栽植第一年倾斜 20°左右（即与地面夹角 70°）；保护地栽植第一年一次成形，树干拉至与地面夹角呈 45°左右。南北行向西倒，东西行向南倒。树干要保持顺直，只是斜生，不要拉成弯弓状，拉后及时将背上直立旺枝捋平。此时全园主枝平行排列，整齐划一。冬季修剪时，疏除直立枝、重叠枝、过密枝和交叉枝，其余枝一律缓放。

(2) 栽植第二年

保护地栽培的植株发芽后及时抹除过密新梢，并将直立新梢及时捋平，但不可对新梢摘心。因果实采前迅速膨大，大量消耗营养，致使树体极度衰弱，所以，采后 20 天内不宜修剪，应采取其他措施迅速恢复树势。20 天后修剪时也不可重剪，如果采后修剪过早、过重，会导致树势更加衰弱，这是保护地植株发生黄叶、死根，甚至死树的原因之一。采果后修剪时，先把直立枝捋平，过密的适当疏除；过粗过大的直立枝和结果后下垂的枝、交叉枝适当回缩；最后把不见光的枝剪去。此后如再旺长可施用生长调节剂加以控制。

此法修剪量轻，树势健壮，剪后不久即可形成花芽，比栽植第一年能提前 2 个月形成花芽，且花芽饱满，翌年结果率高，产量高。

露地栽培时，发芽后及时抹除过密的新梢。当直立新梢长到 30 厘米时及时捋平，以减少养分竞争，促进主枝延长头生长，加速成形。当主枝伸展到 3 米左右时，继续将树干拉倒开张角度至 45°左右，并将背上发生的直立枝捋平，适当疏除过密枝。冬季修剪时，剪去直立枝、重叠枝、过密枝和交叉枝，并对结果后的枝组适当回缩更新。

(3) 栽植第三年

保护地栽植修剪方法同第二年。

露地栽植发芽后及时抹除过密新梢。当新梢长到30厘米时及时拶平，并适当疏除过密的新梢。生长季节适当疏除严重挡光枝，但不可修剪过重。冬剪时剪去直立枝、重叠枝、过密枝和交叉枝。通过修剪，让每个方位都有枝条占居空间，每个部位的枝都能见光，除树干抬头外，其余一律保持水平、斜向上或斜向下生长。即本着“满、透、平”的原则去修剪。

总之，一边倒树形枝组的培养方法简单，将新梢拶至平斜缓放即成。结果枝因缓放结果而下垂，基部再发新枝，回缩至基部新枝处即完成枝组更新。对未下垂但已交叉的枝组更新时，回缩至不交叉处即可。中干斜向上生长，但不可无限生长，当其垂直投影超过邻行时，应对中干进行回缩，延长头弱时回缩至壮枝壮芽处，延长头壮时回缩至弱枝弱芽处，年年如此。

十、杏保护地栽培

127. 杏对环境条件有什么要求?

按照起源、形态及生物学特性，杏栽培品种分为不同的品种群。按用途，分为肉用杏、仁用杏、观赏杏等类型。其中肉用杏包括鲜食杏和加工杏，仁用杏包括苦仁杏和甜仁杏，还有鲜食与制干兼用、仁干兼用等类型。保护地栽培多为肉用鲜食杏。杏对环境条件的适应性极强。在我国普通杏从北纬 23°～48°，海拔3 800米以下都有分布。对环境条件的要求分述如下。

(1) 温度

杏主产区的年平均气温大致为 6～14℃。杏休眠期间能抵抗－30～－40℃的低温，杏的适宜开花温度为 8℃以上，花粉发芽温度为 18～21℃。萌发后，如遇－2～－5℃低温持续 3 小时就受冻害。杏果实成熟要求温度 18.3～25.1℃。生长期也耐高温，如在新疆哈密市，夏季平均最高气温为 36.3℃，绝对最高气温达 43.9℃，杏树能正常生长和结果。

综合分析，欧洲生态系杏品种的需冷量为 560～650 小时，一般在 1 月 10 日前可满足需冷要求，结束自然休眠；华北生态系杏品种需冷量为 780 小时左右，一般在 1 月 25 日前满足需冷要求，结束自然休眠（表 17）。

(2) 光照

杏为喜光树种，光照充足，生长结果良好，果实着色好，含糖量高，品质好。光照不良，则枝叶徒长，雌蕊败育花增加，严重影响果实的产量和品质。

表 17　杏品种需冷量

品　种	生态型	0～7.2℃模型需冷量（小时）	犹他模型需冷量（小时）
金太阳	欧洲	662	567
凯　特	欧洲	726	580
玛　瑙	欧洲	743	594
鲁杏 1 号	欧洲	764	621
鲁杏 2 号	欧洲	788	658
红玉杏	华北	875	786
麦黄杏	华北	875	786
水　星	华北	875	786
红荷包	华北	875	786

(3) 水分

杏抗旱力较强，但在新梢旺盛生长期、果实发育期仍需要一定的水分供应。杏树极不耐涝，如果土壤积水 1～2 天，会发生早期落叶，甚至全株死亡。

(4) 土壤

杏树对土壤要求不严，平原、高山、丘陵、沙荒、轻盐碱土上均能正常生长，但宜于排水良好，较肥沃的沙壤土或砾质壤土种植。

128. 杏保护地栽培如何选配品种?

杏保护地栽培主栽品种应选择早果性、早期丰产性强，需冷量低，休眠期短，成熟期早，自花结实能力强，树体矮化紧凑，肉硬皮厚，耐贮运，品质优良的鲜食品种。可供选栽的优良品种有北美一号、凯特杏、金太阳、金杏、红丰、新世纪、玛瑙杏、金星杏、红荷包、骆驼黄、二花曹杏、麦前黄等。

授粉树的配置方面，杏花属两性花，但我国绝大多数杏树品种自花不孕。因此建立杏园时，不能自花授粉结实的品种，需要配置授粉树。选择授粉树的条件是：与主栽品种花期相近，能产生大量发芽率高的花粉，与主栽品种没有杂交不孕现象，果实经济价值高。授粉树与主栽树的比例，一般是 1∶3～4。目前应用的几个主栽品种，除红荷包花期较晚外，其他品种的花期基本相近，可以互为授粉树，在同一设施内进行等量栽植即可。但在同一设施内栽植品种不宜过多，一般以 2～3 个为宜。为了提高经济效益，最好把成熟早的品种作为主栽品种。

适宜保护地栽培的优良品种介绍如下：

(1) 凯特

1991 年从美国加州引入我国。果实近圆形，果顶平，平均单果重 105.5 克，最大果重 130 克。果皮光亮，橙黄色，完全成熟时阳面红色。果肉橙黄色，肉质细嫩，汁液丰富，风味酸甜适宜，芳香味浓，含可溶性固形物 12.7%。离核，核小。6 月10～15 日成熟，果实生育期 70～80 天。易成花，自花结实。需冷量 910 小时。极丰产，稳产，速成苗栽后当年成花，第二年开花株率与坐果株率均达 100%，平均株产 3.3 千克，第三年平均株产 10.6 千克，第四年进入丰产期，平均株产 26.3 千克，666.7 米^2 产可达 3 000 千克以上。适应性广，抗性强。抗盐碱、耐低温、耐湿、抗晚霜。

(2) 金太阳

山东果树研究所引进的欧美杏品种。平均单果重 66.9 克，最大果重 87.5 克。近圆球形，果顶平，缝合线浅平，两半部对称，果面光洁，底色金黄色，阳面着红晕，外观美丽。果实完全成熟时，含可溶性固形物 14.7%，风味甜，抗裂果。较耐贮运，常温下可放 5～7 天，在 0～5℃条件下，可贮藏 20 天以上。果实发育期约 60 天，5 月下旬果实成熟。自花结实。需冷量 810 小时。定植后第二年平均株产可达 3.5 千克以上，第三年平均株产 38.5 千克，最高株产 41.6 千克，极丰产。适应性和抗逆性较强，花期耐低温。

(3) 红丰

山东农业大学园艺系培育，亲本为二花槽×红荷包，2000 年向市场推出。果实近圆形，果个大，品质优，外观艳丽，商品性好。平均单果重 68.8 克，最大果重 90 克，肉质细嫩，纤维少，含可溶性固形物 16%以上，汁液中多，浓香，纯甜，品质特上，半离核。果面光洁，果实底色橙黄色，外观 2/3 为鲜红色。一般成熟期 5 月 10～15 日。早果，丰产性强，树冠开张，萌芽率高，成枝力弱，自花结实能力强，自然坐果率 22.3%，稳产。需冷量 880 小时。适应性强，抗旱、抗寒，耐瘠薄，耐盐碱力强。

(4) 大棚王

山东省果树研究所 1993 年从美国引进。果实近椭圆形或长圆形，缝合线一侧中深明显，果梗粗而短，着生牢固，梗洼深而广，萼洼浅不明显，果顶稍凹，一侧常突起。平均单果重 120 克，最大果重 200 克。果面较光滑，有细短茸毛，底色桔黄色，阳面鲜红色，外观诱人。果皮中厚，果肉黄色，可食率 96.9%，离核，核小，仁苦。肉质细嫩，纤维较少，汁液多，香气中等，品质上，风味甜，可溶性固形物含量 12.5%。较耐贮运，常温下可存放 5～7 天，在 0～5℃条件下可贮藏 20 天以上。树势较强，结果后趋向中庸，形成大量中短枝和花束状果枝，树体健壮，树冠开张。萌芽力成枝力中等，1 年生枝短截后，可抽生 2～3 个长枝，1 年生枝拉平缓放可形成大量短枝，各类果枝均能结果，以短果枝结果为主，花器发育完全，退化花比例少，大多数花柱头略高或与雌蕊等高，易成花，花量大，坐果均匀，无裂果现象，产量高，定植第二年结果，4～5 年进入盛果期，666.7 米^2 产量可达 2 000 千克。5 月中下旬果实开始着色，6 月初果实成熟。果实发育期 70 天左右，成熟期一致。

129. 杏保护地栽培怎样栽植?

(1) 栽培方式

杏保护地栽培可采取两种方式：一是先栽树，后建设施；二是先建设施，后栽树。采用哪种方式取决于经济条件和管理水平。先栽树后建设施，一般是按照设施的位置和规格要求，先栽树建园，1～2 年后开始大量结果前建设施；如果已经建好设施，苗木可先高密度集中栽植管理，定植在容器内或选择排水良好的地块，集中培养，整形促花。

(2) 栽植时间

春秋均为栽植杏树的好季节。春栽多在土壤解冻后至萌芽前进行。秋栽多在落叶以后至土壤封冻前进行，一般在 10 月下旬至 11 月中旬，北方寒冷地区习惯于春栽。有条件的地区可行秋栽，秋栽比春栽效果好。秋栽的苗木根系当年伤口可愈合，使根系得到恢复，翌年春天能及时生长，成活率高，地上部分生长良好。而且秋季时间长，可以灵活安排劳力。但是，秋栽的杏树容易发生抽条和冻害，栽后在封冻前需要埋防寒土。

(3) 栽植密度和方式

为了提高早期产量，设施内杏树的栽植密度应适当高些，实行计划密植，株行距可采用1～1.5米×1.5～2.5米。当树体长大，树冠郁闭，影响产量的增长时，再逐年间伐临时株。间伐时，可采用隔行、隔株或隔行隔株同时间伐的方法。栽植方式，以宽行密株的长方形为好，使其南北成行，这样利于通风透光和行间间作。

(4) 苗木准备

要求采用品种纯正的优质壮苗，高度在1.5米以上，粗度（直径）1.8厘米以上，且嫁接部位愈合良好，无病虫危害和机械损伤。一般用2年生苗。当地苗木最好随起苗随栽植，外调苗栽前须在清水中浸泡数小时至1天，使根系吸足水分再进行栽植。一定要修剪根系，剪掉烂根伤根，然后在25毫克/1 000克的生根粉溶液中浸根1小时后栽植。

(5) 苗木栽植

根据确定的栽植方式和株行距，用撒石灰或插木棍的方法标好栽植点，挖深60厘米、宽80厘米的定植沟，将挖出的表土和底土分开左右放置，将沟底翻松。每666.7米^{2}施入腐熟的优质圈肥或其他有机肥5～8米^{3}或2 500～3 000千克，外加氮磷钾复合肥50千克。将有机肥分开两半，与生、熟土混合均匀，先将混有有机肥的生土回填入坑内，再回填熟土，填至与坑面稍平时浇水，水渗后再覆土，沟面培成小丘状，以待栽植。栽植的深度，以苗木原根颈部与地面平为宜。栽后立即浇水。水渗后松土，覆盖地膜。用1米^{2}的塑料薄膜，铺在树盘上，薄膜四周用土压实，以防被大风吹起。栽植时一定要注意前后对齐，左右成行。

130. 杏保护地栽培何时扣棚?

在保护地杏生产中，适时扣棚很重要，常出现因扣棚时间过早而造成产量降低甚至绝产的现象。由于杏树有自然休眠的习性，它必须经过秋冬季的低温过程，才能通过休眠，完成内部的物质转化，为翌年芽的正常萌发和产量的形成打下基础。因此，给它扣棚升温的时间是有限制的，并不是可以无限制提前或随意而定的。适时扣棚是保证杏树大棚栽培成功的关键。

在栽培实践中，为了使杏树迅速通过自然休眠，以便于提前扣棚，多采用“人工低温集中处理法”，对杏树进行人工破萌。即当深秋日平均温度低于 7～8℃时，开始扣棚保温，在温室薄膜外加盖草帘，草帘揭开与加盖时间同正常栽培正好相反。夜晚揭开草帘，开启风口，作低温处理；白天盖上草帘，关闭风口，使棚内继续保持夜晚的低温。每天是否揭盖草帘，要以棚内温度维持在 0～7.2℃范围内为准。如果杏树已经通过自然休眠，不必要进行人工破萌措施。

扣棚时间一般在 12 月中、下旬至次年 1 月上旬，大多数品种需在 0～7℃范围内，满足 800～1 000 小时的低温，才能正常开花结果（表 17)。保护地杏一般在 0～7℃条件下保持 30～35 天便可以满足低温需求量，但最好再推迟 5～10 天再升温。红丰和新世纪杏需冷量约 700 小时，冬暖棚可在 12 月中下旬扣棚；春暖棚可在 1 月下旬至 2 月上旬扣棚。

131. 杏保护地栽培怎样整形修剪?

适宜保护地栽培杏树的树形有纺锤形、自然开心形和“Y”字形树形。一般靠温室南边的树采用开心形，其余均采用纺锤形或开心形整形。

苗木栽好后，要及时定干。早定干可以减少苗木水分的消耗，有利于成活和生长。由于设施栽培杏树密度大和设施内前后树体的高矮要求不一，因而设施南面或两边的苗木定干应低些，在30～40厘米，其余的苗木定干高度40～60厘米。剪口下应留壮芽，留桩以1厘米左右长为好。剪口应涂上防腐剂，杀菌剂，以防病菌侵入树体。及早抹除苗干整形带下部的芽及砧木上的萌蘖，以利整形带的芽萌发和促进新稍的生长，保留剪口下萌发的3～4个旺枝，以备整形用。

纺锤形第一年4月下旬至6月上旬，选用着生部位、角度、长势较适宜的12个左右的一次或二次新梢作预备主枝重点培养，开心形选留4～6个新梢作预备主枝，其余新梢抹除；待各新梢长到60厘米左右时摘心，剪除顶端10～15厘米，促发二次枝扩大树冠，二次枝长到35厘米左右时再摘心；7月中旬纺锤形与开心形分别选8～10个和4～5个预备枝作永久主枝，主枝角度70°左右，其余预备枝拉成80°作为辅养枝。疏去过多、过密及背上直立旺枝和病虫枝。

在修剪上，以夏季修剪为主，冬季为辅。以缓放、轻剪为主，以利于形成短枝和促进早果丰产。7月份以后，树体进入旺盛生长期，除控制肥水外，还必须进行人工调控和化学调控控制营养生长、增加营养积累、促进花芽形成。人工调控，主要是7月上中旬进行一次拉枝，加大枝角，开通光路，缓和顶端优势，促进树体各部分平衡发展。化学调控，主要是喷施200～400倍多效唑，一般于7月15～20日喷第一次，以后隔10～15天喷1次，连喷2次。

落叶后到扣棚前冬季修剪，主要是进一步调整树体结构，对主枝延长枝进行轻短截，疏除过密枝及背上直立旺长枝。冬季修剪应确保枝条分布合理，疏除旺长枝，保留中庸枝，疏除直立徒长枝，保留平斜枝，当主枝生长有可能成为大枝时，及时回缩到长势弱的分枝处，或进行缓放，促其早结果。扣棚后的前10天，树体处于催芽期，这一时期要对树体光秃部位进行刻芽。

扣棚萌芽后，及时抹除背上旺枝，并注意摘心；结合花前复剪，缩剪部分花量过大的结果枝，以控制花量。

坐果后，当新梢长到15～20厘米时，及时摘心控制，提高坐果率和单果重，防止生长过旺而影响光照。

采收后，对结果主枝重回缩至结果枝组的基部分枝处，避免结果部位外移，重新促发旺条，培养下年结果枝。初果期（1、2年生）树，一般采用疏除细弱枝、病虫枝、枯死枝、下垂枝、过密枝和外围过旺枝，打开光路，有利于花芽分化。进入结果盛期的树，采用抹芽、摘心、拉枝、扭稍、疏剪、短截、回缩、甩放、刻芽等方法控制树形。为重新培养和更新结果枝组，重回缩枝当新稍长至30厘米，叶面喷布生长抑制剂PBO，连喷2～3次，后期喷0.2%的磷酸二氢钾以促进花芽形成。

132. 杏保护地栽培怎样进行土肥水管理?

（1）土壤管理

幼树期可以进行间作，但以杏树管理为主，促进杏树尽快生长。土壤管理多采用清耕法，及时中耕除草。落叶前，要结合施肥进行土壤深翻，深度60～80厘米。春季解冻后全园翻耕，深度20～30厘米。

扣棚前20～30天树盘覆膜，可使扣棚后的前期土壤温度提高2～3℃。也可以实行清耕管理。

果实微着色时，地面铺设反光膜，促使果实均匀着色，以提高果实的质量。

（2）施肥

定植后，当新梢长15厘米左右时，开始追施速效化肥，并与叶面喷肥交替进行。土壤追肥每株约40～50克尿素，叶面喷肥为0.3%尿素或0.4%～0.5%磷酸二氢钾，每10～15天喷1次，连喷2～3次。如果定植时底肥充足，当年8月份以后到扣棚前可不再追肥，但结果树应于10月上中旬施基肥，有机肥和复合肥混合，用量为666.7米^{2}施1 000千克鸡粪或3 000～4 000千克厩肥或圈肥，加硫酸钾复合肥65千克。

扣棚后，萌芽前666.7米^{2}施尿素15千克、氮磷钾三元复合肥45千克，穴施或沟施。花前和花后2周各喷1次0.3%尿素+1%过磷酸钙+0.3%硫酸钾混合液，促进果实细胞分裂。盛花期喷0.2%硼酸或0.3%硼砂，利于坐果和防止缺硼。花后7～10天，喷一次大生M-45 800倍液，并加施叶面肥，以后每15天1次，连喷2～3次。硬核期是杏需肥临界期，666.7米^{2}追施尿素100～250千克。果实膨大前期每株施50～100克硫酸钾复合肥，同时每隔10～15天喷施0.3%尿素和0.3%～0.4%磷酸二氢钾，连喷2次。

(3) 浇水

在生长前期保证有足够的水分，生长后期则应控制水分。苗木定植后，如果树下覆盖地膜，可分别于4月下旬和5月中旬灌水。7月15日以后至落叶前停止灌水。在秋末冬初，浇封冻水。扣棚前，灌1遍透水，并覆盖地膜。

保护地中要保持水分供应。花期尽量少浇水，预计花期缺水应早作打算，花期确实干旱时要少量灌水，以滴灌或喷灌为好。硬核期果实迅速膨大，必须保证充足的水分供应，维持细胞液浓度，防止裂果。注意在果实着色后控制用水，以促进上色和成熟。果实进入膨大期要浇一次水，其他时间可根据土壤墒情，确定浇水时间和浇水量。

133. 杏保护地栽培怎样进行花果管理?

(1) 辅助授粉

杏花芽较小，为纯花芽，单生或2～3芽并生成复芽，每花芽开一朵花。单花芽坐果率不高，开花结果后，该处光秃。杏树大多数品种以短果枝和花束状果枝结果为主。杏普遍存在发育不完全的败育花，不能受精结果。杏树的自然坐果率极低，辅助授粉是提高产量的重要措施。由于设施内湿度大，花粉飞散能力差，应当放蜂或人工授粉。蜜蜂授粉，每棚放1～2箱，开花前2～3天将蜂箱搬进棚内锻炼，并在蜂箱门口放一个糖水平盘，为蜜蜂出箱补充营养。在杏园放养角额壁蜂或花期喷0.3%硼砂液，也可显著提高坐果率。

(2) 疏果定果

花期结合授粉疏除畸形花、病虫花、晚开弱花、梢头小花等。由于杏花中不完全花比例高，以花定果很不确切，故多不进行疏花而进行疏果、定果。疏果可在花后15～25天一次完成。留果标准一般短果枝1～2个果，中果枝留2～3个果，长果枝留4～6个果，每米^{3}留60～80个果。也可按距离进行，即小型果间距7厘米，中型果间距10厘米，大型果间距13厘米。定果时要按照外围多留，内膛少留，强枝多留，弱枝少留；角度向上的枝多留，角度向下的枝少留；树势上强则上部多留，短枝无叶的不留；延长枝梢端的不留，对果不留，堆果不留，单轴枝果间距应保持在15～20厘米的原则进行定果。

(3) 应用植物生长调节剂

盛花期喷90毫克/升赤霉素，可提高坐果率和增加单果质量。新梢生长初期，每株土施15%多效唑粉剂10克，可使枝条节间缩短，并可增大果个。

(4) 摘叶

成熟期摘除果实周围遮光的叶片，有利于果实见光着色。

(5) 果实采收

采收成熟度要控制好，一般鲜食杏外运以7～8分熟为宜。杏果实成熟不一致，宜分2～4次采摘。应在上午10：00～12：00时和下午3：00时以后采摘，既可避免露水污染果面，又不会使杏果温度太高，便于销售和贮运。

134. 杏保护地栽培环境怎样调控?

(1) 温湿度测量

为掌握温室内的气温和地温，应设立测量点，在温室的东、西墙和中部，悬挂三支温度计，距地面1.5米左右，避免太阳光直射，最好放在百叶箱内。所挂温度计，可以是一般的温度计，也可用最高最低温度计。应于每天上午观察和记载后恢复原始状态。在萌芽期可在每天的8、12、14、20时观察记录，开花期则要每隔1～2小时观察1次温度，尤其是中午和凌晨的温度更应随时观察，防止出现温度过高或过低。地温的测量，要分别测定地表以下5厘米、10厘米、30厘米处的地温，以测量数据为依据，确定温室的温度调节方向和方式。

(2) 温湿度及调控

保护地内的温度主要靠开关通风门窗及盖、揭草苫控制。凯特杏各物候期温湿度控制指标见表18，其他品种可参考。

表 18 凯特杏各物候期温湿度控制指标

物候期	温度（℃）		相对湿度（%）
	白天	夜间	
萌芽期	10～20	>5	80 左右
开花期	12～23	7～8	45～55
幼果期	15～24	>8	—
果实发育期	12～28	10～15	50～65
果实近成熟时	22～32	10～15	50～60

设施开始升温应循序渐进，先在白天拉起 1/3 草苫，再拉起 1/2 草苫，最后全部拉起，整个过程持续 7～10 天。扣棚后的前 10 天，树体处于催芽期，室温在这一时期应缓慢升高，白天高温控制在 18℃以下，夜间低温控制在 5℃以上，相对湿度在 80%左右。10 天后至发芽开花前，白天最高温度控制在 20℃以下，夜间低温控制在 6℃以上，相对湿度在 60%～80%，在花蕾膨大后期，要加大排湿措施，白天最高温度控制在 20℃以下，夜间最底温度控制在 7℃以上，相对湿度在 60%～80%。

开花期白天最高温度不能超过 24℃，夜间温度控制在 8℃以上，相对湿度控制在 50%～60%。开花后 10 天以内最高不超过 25℃。定果时室温应控制在白天 28℃以下，夜间应控制在 10℃以上，相对湿度 60%～70%。果实微着色时，应加大昼夜温差，以提高果实的质量，白天最高温度可达 30℃，夜间低温可达 7～8℃，相对湿度 60%左右。进入成熟期，为提高果实品质，要控水，加大排湿量。各生育期，白天温度接近最高限定温度时应放风，通常先放顶风，如温度继续升高，可放脚底风；夜间温度降到 5℃以下时，如时间较长，用火炉或火盆加温，外界夜温高于 10℃时，可停盖草苫。

杏树温室湿度包括空气和土壤的湿度。土壤湿度即土壤水分含量，它是杏树吸收水分的主要来源。杏树是深根性树种，能吸收地下较深的水分，供树体应用。在灌足防冻水、浇透花前水的前提下，不必再对棚内杏树浇水，即能满足对土壤水分的要求。温室内的空气湿度受土壤水分蒸发、杏树叶面蒸腾和通风的影响。一般情况下，温室内为高温环境，特别是阴雨天，湿度可达90%以上。但日光温室用无滴膜，并对地面进行地膜覆盖，从而使得空气湿度大大降低，满足杏不喜高湿的环境条件。在阴雨天、高湿环境下，尽量避免叶面喷肥、打药等作业，改在晴天进行。若因病害严重，必须用药，可用超低容量喷雾法，避免叶面滴水所致空气湿度的增加。空气相对湿度过大时，可通风和覆盖地膜降低湿度，灌水时避免大水漫灌。

（3）光照

杏树喜光，应尽可能增加棚内光照。花期遇连阴雨天，应予人工补光，按每40～50米^{2}装一盏500瓦的碘钨灯，根据天气状况每天补光2～8小时。

（4）气体

温室内的空气组成与外界有明显的差异，其中表现最为突出的是二氧化碳；其次是有害气体，如氨气、二氧化硫及无滴膜的挥发气体等。二氧化碳在温室内的浓度变化比较大，当二氧化碳的浓度低时，就会影响净光合产物的合成。为提高产量，补充一定的二氧化碳是很有必要的。方法有：化学反应法，使用固体二氧化碳颗粒肥，每666.7米^{2}施40千克，还可以利用二氧化碳发生器，来增加棚内的二氧化碳浓度。

135. 杏保护地栽培怎样防治病虫害?

（1）主要病虫害及其综合防治

主要病害有流胶病、细菌性穿孔病、褐腐病、疮痂病、焦叶病。主要虫害有蚜虫、红蜘蛛、蚧壳虫、杏仁蜂、桃小食心虫、介壳虫、舟形毛虫等。应根据病虫发生规律，预防为主，综合防治。选用高效低毒、低残留的生物农药或化学农药，并要根据农药的作用机理交替使用或混用不同种类的农药，提高防治效果。

在扣膜前期，基本与外界隔绝，加之地面覆盖与集约管理，因此像桃小食心虫、细菌性穿孔病等很少发生。在扣膜前，及时清扫落叶，剪除病枝，摘除僵果，集中烧毁或深埋，消灭初侵染源。喷一次3～5波美度的石硫合剂，或用400倍乙膦铝＋400倍百菌清淋洗一遍，可有效地预防红蜘蛛、杏仁蜂、蚧壳虫、食心虫和褐腐病、疮痂病、穿孔病等病害。在花蕾膨大后期，阳光好时，要喷一次10％的吡虫啉2 000倍液加多菌灵800倍液，预防蚜虫和花腐病。花开放至50％～80％时各喷一次40万单位赤霉素加多菌灵800倍液或甲基托布津1 200倍液，以防花腐病。介壳虫、红蜘蛛等，谢花后喷一遍200倍灭扫利，若发现蚜虫大发生，可用800倍的绝蚜1号，喷一遍即可基本控制。使设施杏在集约管理条件下，基本上达到无病虫或有病有虫不成灾。

(2) 褐腐病防治

除萌芽前喷布3～5波美度石硫合剂外，于落花期至果实采收前20天，每10～15天喷一次药，连喷3～4次。可用药剂种类和浓度：70％甲基托布津可湿性粉剂800倍液，50％多菌灵可湿性粉剂600～800倍液，65％福美锌、65％福镁铁可湿性粉剂400倍液，70％代森锰锌可湿性粉剂600～800倍液。

(3) 细菌性穿孔病防治

除在萌芽前喷布3～5波美度石硫合剂外，于落花期后每隔15天喷一次药，连喷3～5次。可用药剂种类和浓度：72％农用链霉素2 500～3 000倍液，硫酸链霉素3 000倍液，硫酸锌石灰液（硫酸锌0.5千克：生石灰2千克：水120升）。

(4) 疮痂病防治

除在发芽前喷布3～5波美度石硫合剂外，从落花后至果实采收前20天，每隔15天喷一次药，连喷4～5次。可用药剂种类和浓度：70%甲基托布津可湿性粉剂600～800倍液，70%代森锰锌可湿性粉剂500倍液，80%喷克可湿性粉剂800倍液。

(5) 流胶病防治

合理使用农药、化肥。及时排除杏园积水。树干涂白。杜绝伤口。及时除治天牛及小蠹虫等蛀干害虫。萌芽前喷3～5波美度石硫合剂。

(6) 根腐病防治

对已发病的杏树可向根部灌注200倍硫酸铜水溶液或灌注45%代森锰锌200倍液。

(7) 蚜虫防治

在蚜虫危害前期（杏树开花前后）喷药，可用药剂种类及浓度：10%吡虫啉可湿性粉剂3 000～4 000倍液，50%马拉硫磷乳油1 000倍液，10%扑蚜虱3 000～5 000倍液，0.3%苦参碱水剂800～1 000倍液，10%烟碱乳油800～1 000倍液。在药液中加入500～800倍的中性洗衣粉能增加防治效果。

(8) 蚧壳虫防治

在杏树刚落叶或萌芽前喷10%的柴油乳剂或3～5波美度石硫合剂。在卵孵化高峰期至若虫分散转移、尚未分泌蜡质之前喷药防治，可用药剂种类及浓度：4.5%高效氯氰菊酯1 000～1 200倍液，25%扑虱灵可湿性粉剂1 500～2 000倍液，速克蚧1 000～15 000倍液。喷高效氯氰菊酯时必须加入100倍中性洗衣粉，其他剂型加入 300～800 倍洗衣粉效果更好。

(9) 红蜘蛛防治

除萌芽前喷布 3～5 波美度石硫合剂外，于幼虫孵化期喷药防治，可用药剂种类和浓度：1.8%齐螨素乳油 4 000～5 000 倍液，15%哒螨灵 2 000～3 000 倍液，73%克螨特 2 000～4 000 倍液，0.3%苦参碱水剂 800～1 000 倍液，10%浏阳霉素 1 000 倍液。喷药时加入 800～1 000 倍中性洗衣粉增加防治效果。

(10) 舟形毛虫防治

在幼虫期喷药。可用药剂种类和浓度：4.5%的高效氯氰菊酯 1 200～1 500 倍液，25%的灭幼脲 2 000 倍液，90%的敌百虫 1 000 倍液，50%敌敌畏 1 000 倍液。

(11) 杏星毛虫防治

萌芽前刮树皮，消灭越冬幼虫，喷 800～1 000 倍马拉硫磷。发生后白天在树干周围地面上搜寻幼虫捕杀。

(12) 杏象鼻虫防治

扣棚前翻树盘杀灭越冬成虫。成虫危害期，于早晨摇树震落捕杀；拣拾落果集中销毁，减少虫源；喷 1 000 倍 50%久效磷或 500 倍 25%亚胺磷。

(13) 杏球坚蚧防治

萌芽前刮树皮、剪除虫枝，或用铁丝刷刷除枝干上的介壳虫；喷 3～5 波美度石硫合剂或用 50%久效磷、40%氧化乐果 3～5 倍液在树上做毒环（刮去老皮见白，涂宽 5～10 厘米的药环，用塑料布包住）；于产卵盛期喷 0.3～0.5 波美度石硫合剂。保护和放养球坚蚧的天敌黑缘红瓢虫、红点唇瓢虫。

136. 杏保护地栽培揭膜后如何管理？

杏树保护地栽培，正常情况下，12月下旬或1月初扣膜，4月上中旬进入果实成熟期，4月下旬则完全生理成熟，采摘后即可揭膜。揭膜时不可突然全揭，防止“闪苗”，应先防风锻炼6～8天。为防止突然撤出覆盖物引起叶片和嫩枝的日灼，应选择阴天或傍晚撤膜。

采果揭膜后的管理，主要是恢复树势，保持合理的树体结构，提高下年的花芽质量。因此，主要作好生长期修剪和土、肥、水管理。

初果期树一般采用疏除细弱枝、病虫枝、枯死枝、下垂枝、过密枝和外围过旺枝，打开光路，有利于花芽分化。对结果枝要进行一定程度的回缩，以培养新的枝组。对结果后的下垂枝要及早回缩到上位枝处，恢复其生长势。密植情况下常出现上强下弱，要重剪上部旺枝，去强留弱，抑制生长，抑上促下。

盛果期树要对枝组重回缩，以重新培养和更新结果枝组，重回缩后当新稍长至30厘米时，叶面喷布生长抑制剂，连喷2～3次。后期喷0.2%的磷酸二氢钾以促进花芽形成。以极短和花束状枝结果为主的品种，如凯特杏，而当年新枝所形成的果枝多为中长枝，应以疏剪长枝为主，以利形成短枝和极短枝，疏除过密枝和背上枝，背上直立的新梢也可采取拉枝和扭梢的方式，以防形成“树上长树”恶化树冠内部光照，修剪量以不超过总枝量的1/8～1/10为宜。

为防止采后旺长，在减少浇水的次数同时，当新梢长至15～25厘米时，叶面喷施200倍的多效唑溶液，抑制新梢的生长，促进花芽形成，每隔10天喷1次，直至控制其生长后停喷。

在控制其生长的同时，也应促进养分吸收和积累，叶面可以喷施0.3%尿素、0.4%～0.5%磷酸二氢钾或其他果树专用叶面肥，每隔10～15天1次，连续3～4次；8月份以后，以磷钾肥为主，叶面喷施0.3%磷酸二氢钾2～3次，9月下旬至10月上旬，每棚施基肥5 000～7 000千克。

保护地杏采果后，还要生长很长一段时间，主要任务是保护叶片，防止早衰和病虫害的危害，其主要虫害是蚜虫，可用20%害扑威500～800倍液或用10%扑虱蚜可湿性粉剂1 000～1 200倍液进行防治。主要病害有疮痂病、穿孔病，可用甲基托布津1 000～1 500倍液或复方多菌灵1 000倍液防治，每隔半月1次，连续4～5次即可。

十一、李保护地栽培

137. 李对环境条件有什么要求？

按照植物学分类，李分为中国李、欧洲李、美洲李、杏李、乌苏里李、樱桃李等。中国李原产我国，我国也栽培最多。果实圆形或长圆形，黄色、红色、暗红色或紫色，有缝合线，果粉厚，果梗较长，梗洼深；果肉黄色或紫色；粘核或离核，核椭圆形，光滑。树势强健，适应性很强。欧洲李枝无刺，新梢和叶均有短绒毛，果实由黄、红直到紫、蓝色。美洲李原产北美东部。杏李原产我国北部山区。乌苏里李原产我国。李对环境条件适应性强，不同种类对环境条件要求有差别。

（1）温度

李对环境条件适应性强，抗寒、耐热性因种类和品种而异。乌苏里李抗寒性最强，美洲李较强，欧洲李较弱，中国李居中。中国李北方有的品种可耐－35～－40℃的严寒，但长期生长在南方的品种则不耐低温。李树花期最适温度为12～16℃，临界温度花期蕾期为－0.5℃；开花期为－2.7℃，幼果期为－1.1℃即受冻害。

根据高志红等在江苏地区的测定，需冷量较低的李品种有盖县大李、玫瑰李、圣玫瑰，较高的品种有奥德罗达、凯丝凌和黑琥珀。同一品种叶芽一般需冷量等于或高于花芽。不同低温模型统计的李品种的需冷量见表19。

(2) 光照

表 19　李品种需冷量

品　种	0～7.2℃模型（小时）		7.2℃模型（小时）		犹他模型（C.U.）	
	花芽	叶芽	花芽	叶芽	花芽	叶芽
早红李	675	675	835	835	930	930
玫瑰李	585	585	690	730	810	850
盖县大李	465	465	570	570	790	790
黑宝石	675	675	835	835	930	930
奥德罗达	850	850	1 070	1 070	1 110	1 110
圣玫瑰	630	630	785	785	890	890
安特诸李	675	675	835	835	930	930
黑琥珀	995	850	1 245	1 245	1 245	1 245
皇家钻石	700	700	860	860	955	955
皇后	700	700	860	860	955	955
凯斯浚	790	790	1 010	1 010	1 050	1 050
红美丽	675	675	835	835	930	930

李对光照的要求不如桃严格，但也是喜光树种，光照好，果实着色好，品质佳。

(3) 水分

中国李对水分的适应性较强，在干旱和潮湿地区均能生长，欧洲李和美洲李对空气湿度要求较高。共砧抗旱性差，山杏砧抗旱性较强，毛樱桃砧不耐涝。

(4) 土壤

李对土壤要求不严，各种李均以土层深厚的砂壤土至中壤土栽培表现好。对盐碱土的适应性也较强，在瘠薄土壤上亦能有相当产量。中国李对土壤的适应性强于欧洲李和美洲李。

李树抗旱、耐瘠，但不耐湿涝，园址应选择在地势平坦、土壤肥沃、保水性较好、土质较好、土质疏松、排灌条件良好的地段，平原地区的李园，应建立在地下水位离地面不少于1.5～2米的地段。

138. 李保护地栽培如何选配品种？

中国李约有800多个品种，根据果皮和果肉的颜色可分为红皮李类和黄皮李类，根据果实的软硬可分为水蜜李类和脆李类。欧洲李约有950多个品种，根据果皮颜色分为绿皮或黄皮李、黑紫或蓝皮李、微红或微红紫皮李3类。

李保护地栽培尽可能选择需冷量低，早熟，花粉量大，自花结实力强，树体矮小、紧凑，果大、品质优，抗病强的鲜食品种，如大石早生、大石中生、美丽李、五月鲜、帅李、摩尔特尼、玉皇李、湾红宝石、红美丽、红良锦、黑琥珀、早美丽、摩尔特尼等。砧木为毛樱桃砧或桃砧。主栽品种和授粉品种的配比一般为5～6∶1，在一栋设施内最好栽植2～3个品种。

适宜保护地栽培的品种简介如下：

（1）大石早生

果实为卵圆形，平均单果重49.5克，最大果重106克。果皮底色黄绿，着鲜红色，果面具有大小不等的黄褐色果点。果肉黄色，肉质细，较致密，过熟时变软，果汁多，味甜酸，微香，常温下可贮存7天左右，粘核。温室中栽培，5月上旬果实成熟。树势中庸，树姿直立，结果后逐渐开张；结果早，丰产；抗病虫能力强，耐寒，抗旱。在栽培管理上要注意多拉少截，及时抹芽，防止徒长，控制树势。该品种是极早熟的优良鲜食品种。适应性极广，另外，果实即将成熟时顶部稍着红色，此时是最佳采收时期，放置2～3天果实即可后熟变红。

(2) 早美丽

果实心脏形，单果重40～50克，果面着鲜艳红色，光滑有光泽。果肉淡黄色，质地细嫩，硬溶质，汁液丰富，味甜爽口，香气浓郁，品质上等。含可溶性固体物量13%～17%，粘核，果实可食率为97%。极早熟。树势中庸，树姿较开张，枝条柔软，萌芽率高，成枝力中等，多数花芽2～3朵花，长、中、短枝和花束状枝都能成花结果，易成花，坐果率高，极丰产。需冷量少，抗病、抗旱能力强。

(3) 红美丽

果实中大，平均单果重56.9克，最大果重72克。果面光滑，鲜红色，艳美亮丽。果肉淡黄色，肉质细嫩，可溶，汁液较丰富，风味酸甜适中，香味较浓，含可溶性固体物12%，品质上等。

授粉树的配置，主栽品种和授粉品种的配比一般为5～6∶1。在一栋设施内最好栽植2～3个品种。

(4) 特甜布朗

美国杂交杏李品种。果实卵圆形，平均单果重109克，最大果重150克。果皮暗紫色，常特有褐色条纹。果肉鲜红色，可溶性固形物含量22%，果汁多，品质极佳。山东寿光露地栽培6月底前后成熟，日光温室中栽培4月下旬可成熟上市。成熟后树上1个月未采不落果。第二年667米^{2}产量可达2 000千克。

139. 李保护地栽培怎样栽植?

保护地栽培李树的定植，一是在苗圃培养2～3年生大苗，春季定植在设施内，当年初冬开始扣棚升温。二是将1年生苗木定植在预建设施用地内，培养2～3年后再建保护设施。保护地栽培李树需选用一级苗。

栽植的行向以南北行好，有利于透光和便于工作。栽植方式，一是长方形栽植，即行间较大，株间小，这种方式通风透光良好，便于管理。一般行距2～3米，株距1～1.5米。二是带状栽植，即有大小行，每隔1行为大行，大行空间较大，透光较好，便于管理。这种方式在设施栽植中应用较多，可提高密度和早期丰产。

定植时，挖深40厘米、宽60厘米的栽植沟，沟内施3 600千克有机肥，并混碳酸氢铵45千克，分3层施入。栽植深度以苗痕与地面持平为宜。栽植后灌足水，水渗后覆盖地膜，以提高地温。

140. 李保护地栽培何时扣棚？

李树休眠期需冷量一般为700～1 000小时（表19），在山东完成休眠的时间大约在12月下旬至次年1月上旬。为使李树提前通过休眠期，可采取低温暗光处理，即在落叶后，夜间温度低于7.2℃时开始扣棚，夜间打开门窗和通风口，导入冷空气，白天关闭，并盖草帘，尽可能使棚内温度保持在7.2℃以下。经过35天左右，即可满足李树的需冷量。

落叶至休眠期，要清除所有残枝落叶，没有落的叶要人工清除。同时清除杂草等，清除后烧掉或深埋。扣棚前2天对设施内消毒，树体喷5波美度石硫合剂。

141. 李保护地栽培怎样整形修剪？

(1) 适宜树形

根据品种特性和栽植密度确定树形，树冠开张的用自然开心形，直立的用主干疏层形、纺锤形和Y字形等。栽植密度大时可用圆柱形。

自然开心形，主干高40～50厘米，错落着生3～4个主枝，每个主枝上有1～2个侧枝，全树有骨干枝6～7个。骨干枝单轴延伸，直接着生结果枝组和结果枝。采用2主枝开心形，即"Y"字树形。

主干疏层形，以两层主枝为宜，第一层3个，第二层2个，以上落头开心。

自由纺锤形，干高50～60厘米，小主枝10～12个，同侧主枝间距不小于50厘米，交错着生在主干上。下层主枝1.5米左右，向上逐渐缩短。

(2) 整形过程

由于保护地内生长空间所限，为了降低树体高度，一般定干在20～30厘米为宜。保护地栽培由于密度大，主枝数目不宜过多，常采用2主枝开心形，即"Y"形。新梢生长至6～8片叶子时摘心，促发副梢从中选出东西方向各1生长健壮副梢作为1级主枝，副梢长到15～20厘米时，进行2次摘心，促发2次副梢，2次副梢长至20厘米时，促发3次副梢，并于8月上旬喷1次多效唑，9月上旬再喷1次，从而控长促花。在具有一定数量分枝后，以轻剪缓放为主。拉枝开角，疏除过密和直立的枝条，多留枝，不短截，使之提早成花结果，同时拉枝开角，轻剪缓放，可增加养分积累，培养壮枝结果，增大果个。调查看出，平斜枝上的单果较直立枝上的单果重7.8%。

培养多主枝开心形，栽后30～40厘米定干，5月中下旬，选留方向、角度、长势合适的4～6个新梢培养为预备主枝，其余疏除。新梢长至60厘米时摘心，促发2次枝，2次枝长至50厘米时再摘心，促发3次枝，共摘心2～3次。7月中旬以前主要通过多次摘心促发分枝，扩大树冠。

(3) 生长期修剪

幼树期生长季修剪，对需扩大树冠的骨干枝延长梢，可在新梢长到所需长度时进行摘心，增加分枝，一年内可摘心两次，但不要晚于7月下旬，以免发出的新梢不充实。对其他强旺枝可在长到10～15厘米时连续摘心，促发分枝，培养枝组。对角度小的枝条可在5月上中旬至6月上中旬拉枝，改善树体光照条件，缓和枝条长势，培养结果枝组。

7月上旬至8月上旬喷第一次300倍15%多效唑，以后隔10～15天再喷1次，连喷2次，可以有效控制树势，促进花芽形成。

(4) 休眠期修剪

李树休眠期修剪，一般在10月下旬至扣棚前进行。根据李树直立枝和斜生枝多而壮，下垂枝和背后枝少而弱，以花束状果枝和短果枝结果为主的特性，幼树期以轻剪缓放为主，对于骨干枝适度轻截，促进分枝，以便培养侧枝和枝组。有适当的外芽枝也可换头开张角度。盛果期骨干枝放缩结合，维持生长势。上层和外围枝疏、放、缩结合，加大外围枝间距，以保持在40～50厘米为宜。对树冠内枝组疏弱留强，去老留新，并分批回缩复壮，复壮内膛。中国李的潜伏芽易萌发，花束状果枝受到刺激也能抽生长枝，对多年生枝进行回缩后都能达到复壮目的。李树的萌芽率高，一年生枝不短截可以形成很多短果枝和花束状果枝。整形修剪过程中，除骨干枝适当短截外，其余枝可用轻剪长放促生多量短果枝与花束状果枝，连续结果3～4年后，及时更新复壮。

(5) 扣棚后修剪

扣棚后，萌芽期注重抹芽，将位置不当、生长过密的芽抹掉，这样可使养分集中于花芽，有利于开花和坐果。

果实膨大期新梢生长到40厘米左右摘心，摘心可暂时抑制新梢生长，提早萌发副梢和降低其萌发部位，加速果实的生长。前期摘心促生长，后期摘心可以促进枝条发育。

果实成熟期，将内膛生长强旺的徒长枝全部除掉，对其余枝采取扭梢、摘心等措施控制其生长，使阳光能照射到树冠内部。果实周围遮光的叶片可摘除，利于果实见光着色。

(6) 采果后修剪

果实采收后，进行1次重修剪，对结果枝回缩至5～10厘米处进行更新，尽可能使结果部位靠近主枝和大枝基部；以后经常进行拉枝、捋枝、摘心等，抑制生长，促发短果枝，促进花芽分化，为下年丰产打好基础。

142. 李保护地栽培怎样进行土肥水管理?

(1) 土壤管理

李树土壤管理多采用清耕法，及时中耕除草。落叶前，要结合施肥进行土壤深翻，深度60～80厘米。春季解冻后全园翻耕，深度20～30厘米。

(2) 施肥

新梢长至20厘米时开始追速效肥，要薄肥勤施，促使幼树生长。地下追肥15～20天1次，每666.7米^{2}施5千克尿素和3千克磷酸二氢钾。叶面喷肥10天左右1次，配方：0.3%尿素＋0.3%磷酸二氢钾＋0.4%绿风95＋0.2%光合微肥，共喷2～3次。7月15日以后至落叶前，停止追肥。

基肥宜早施。定植当年在施足底肥的基础上，秋季可不再施用有机肥，但已结果树，应于9月中旬至10月中旬施1次有机肥和复合肥，每 666.7 米^2 施腐熟鸡粪 1 500～2 000 千克、硫酸钾复合肥 60～80 千克。

保护设施内李树一般追肥 3～4 次，萌芽前 20 天左右沟施速效肥，一般每株追施 0.25 千克。幼果期可适当追施磷、钾肥，果实膨大期追施磷酸钾等钾肥，每株追施 0.5 千克，控制氮肥的施用。

叶面喷肥是增加产量和提高品质的有效措施之一，可结合喷药叶面喷施 0.3%的尿素加 0.3%的磷酸二氢钾。

(3) 浇水

在生长前期保证有足够的水分，生长后期则应控制水分。苗木定植后，如果树下覆盖地膜，可分别于 4 月下旬和 5 月中旬灌水，每次地下追肥都要结合进行灌水。7 月 15 日以后至落叶前停止灌水，除非特别干旱。雨季注意排水。在秋末冬初，浇封冻水。扣棚前，灌一遍透水，并覆盖地膜。

保护设施内结合施肥进行灌水，主要有以下几次：花前水、花后水、果实发育期灌水。每次灌水后注意排湿。

143. 李保护地栽培怎样进行花果管理？

(1) 辅助授粉

主要采用人工授粉、蜜蜂或壁蜂授粉。其中角额壁蜂授粉效果好，效率高，但需要掌握角额壁蜂的休眠时间，出蜂过早或过迟都不利授粉。人工授粉初花期进行，整个花期需点授 3～4 次，以提高坐果率。

(2) 疏花疏果

疏除梢头花、弱花，留早开花，疏晚开花。谢花后 30 天进行疏果，疏除双果、枝头果、病虫果、畸形果及小果。疏果标准，长果枝留 2～3 个果，短果枝留 1～2 个果，每 2～3 个花束状果枝留 1 个果，或按 8～10 厘米间距留 1 个果进行定果。按叶片留果，一般以每 16 片叶留一个果。

(3) 防止生理落果

当新梢长至 50 厘米左右时，进行摘心、疏枝等生长季修剪。对于生长过旺的幼树，可利用 PBO 等生长调节剂控冠，促进树体由营养生长向生殖生长转化，可提高坐果率。

(4) 促进着色

大棚内光照不及露地，加之棚内果树又是密植，造成果实着色不良。除适时进行人工补光外，增施钾肥，及时中耕，通风降湿，适时撤棚膜，使果实在自然光下生长一段时间等措施，都能有效地增加光照，促进果实着色。尤其是果实成熟期，将内膛生长强旺的徒长枝全部除掉，对其余枝采取扭梢、摘心等措施控制其生长，使阳光能照射到树冠内部。摘除果实周围遮光的叶片，利于果实见光着色。

(5) 果实采收

李子果实成熟不一致，宜分期采收，一般分 2～4 次采摘。

144. 李保护地栽培环境怎样调控?

棚内的温度主要靠开、闭通风口和盖、揭草帘等来调控。

从休眠期至萌芽期，气温白天最高调控在 20℃，夜间气温最低在 1～3℃。此期间室内空气湿度因前期灌水、铺地膜，白天在 70%左右，晚间可达 95%。

萌芽期温度升高不宜过快，否则造成先叶后花、开花不整齐、败育、畸形、坐果率低，严重影响产量。白天棚温保持在

12～15℃，超过20℃应降温，夜间不低于3℃。此期间相对湿度要保持在80%左右，以防枝条抽干，影响发芽。

开花期对温度最敏感，最适温度18～22℃，不能超过25℃，夜间不低于7℃，相对湿度降至40%～60%。开花期外界夜间温度较低，中午时设施内温度又较高，需特别注意。李树在7℃以上即可授粉受精。盛花期若遇晴朗天气，中午要有专人值班，发现高温及时放风降温。

幼果期白天温度保持在22～25℃，夜间10～15℃。幼果期需足够的水分，如棚内干燥可灌小水1次，灌水后适时浅锄，防止土壤板结，为根系创造良好的通气环境。

果实膨大期要求较高的温度。一般白天控制在23～26℃，夜间控制在10～15℃，对果实生长有利。

果实成熟期期间昼夜温差越大，着色越好，白天温度可维持在25～26℃，不能超过30℃；夜间13～15℃，夜间可打开天窗和地窗利用自然低温降低温度，不需覆盖草帘，塑料膜也呈半盖半揭状；期间温度高，须昼夜放风，湿度大大下降，需放小水或洒水补充。湿度保持在50%～60%。

145. 李保护地栽培怎样防治病虫害？

（1）主要病虫害及其综合防治

李树保护地栽培病害，主要有果腐病、炭疽病、细菌性穿孔病。虫害分两类，一是危害叶片的蚜虫、红蜘蛛等，二是危害果实的李实蜂和李小食心虫。要以预防为主，综合防治。加强果园管理，增施有机肥，避免偏施氮肥。合理整形修剪，提高树体的抗病能力。落叶至休眠期，要清除所有残枝落叶，没有落的叶要人工清除，同时清除杂草等。清除后烧掉或深埋。扣棚前2天对设施内消毒，发芽前树上喷施3～5波美度石硫合剂；生长季喷70%的甲基托布津或波尔多液、铜大师等。

（2）细菌性穿孔病的防治

结合修剪，剪除病枝，集中烧毁；加强土肥水管理，增强树势；发芽前喷 3～5 波美度石硫合剂；展叶发病前，喷 72%农用链霉素可溶性粉剂 3 000 倍液或 65%代森锌 300～500 倍液。

（3）褐腐病的防治

结合修剪，剪除病枝，集中烧毁；做好虫害防治，减少果实伤口，致病菌无法进入果实内；发芽前喷 3～5 波美度石硫合剂，落花后 10 天至采收前 20 天喷布 70%的甲基托布津 800～1 000 倍液或 65%代森锌 500 倍液。

（4）炭疽病的防治

剪除病枝；发芽前喷 3～5 波美度石硫合剂，发病重的可于落花后喷 50%的退菌特 800～1 000 倍液；降低棚内湿度；增施磷、钾肥，提高植株抗病能力。

（5）蚜虫的防治

发芽前树上喷一遍特效菊酯类农药，谢花后结合防治其他害虫，喷一遍芽虱净、一遍净或吡虫啉。

（6）红蜘蛛的防治

抓好谢花后到幼果期，树上喷 1 遍特效长效药，如爱福丁 1 号、红白螨杀等。

（7）桑白蚧的防治

春季发芽前喷 5%的机油乳剂或 5 波美度石硫合剂；在第一、二代若虫孵化盛期，隔 5～6 天连续喷 2 次 0.3 波美度石硫合剂；对个别发生重的枝条，可人工刷除或剪掉烧毁。

(8) 李实蜂的防治

李实蜂是近年来危害李树果实最严重的害虫。据观察，李实蜂花期产卵于花萼上，随后孵化出幼虫，钻入果中，蛀食果实，待果实长至豆粒大时，大量脱落。可在花前3～7天结合防治蚜虫，树上喷一遍菊酯类农药，重点在李树谢花40%～80%时再喷一遍。

(9) 李小食心虫的防治

李小食心虫在幼果期，以幼虫蛀入果中，纵横串食，直达果心，被害果很快脱落。幼虫出土前地面喷洒50%辛硫磷乳油，或幼虫孵化期结合防治红蜘蛛、蚜虫，树上喷布20%灭扫利乳油或者爱福丁1号等。

146. 李保护地怎样进行一边倒栽培?

李保护地栽培也可以采用一边倒树形，进行保护地一边倒栽培。其技术要点主要是整形修剪，其他管理可以参考以上内容。下面以特甜布郎李保护地一边倒栽培为例加以说明。

特甜布郎李保护地一边倒栽培，株距为0.75～1米，行距1.8～2米，每666.7米^{2}栽333～510株。苗木适当浅栽，栽后灌水，水渗下后1～2天覆土起垄。

栽后定干，干高30～50厘米，南低北高。

栽植第一年。苗木发芽后立即抹去砧木芽，其余芽不抹。每株留先端1个长势最旺的新梢做中干，中干上的萌芽一律保留。其余新梢长至30厘米捋平，缓势、促花早结果。同时，捋平的新梢长势缓和，这是成形快的重要原因。生长季节除捋枝外，对所有新梢都不摘心，以免发出过多无用的小弱枝。更不能对中干摘心，以免影响其伸展。

树高 2 米左右时，在主干两边插上小竹竿，把捋平的枝都绑缚在竹竿上，调整到行向上来，使树体看上去就像竖着的扇面，或像竖着的鱼骨。保护地栽植第一年一次把树干拉至倾斜 45 度左右，作为 1 个主枝看待，南北行向西倒，东西行向南倒。不要拉成弯弓状，中干仍保持顺直，只是斜生。拉枝后及时将背上直立旺枝捋平。此时全园中干平行排列，整齐划一。

根据树体生长势确定喷布 PP_{333} 的浓度和时间。例如于 7 月中下旬至 8 月上旬间隔 10～15 天喷 1 次 15%PP_{333} 150～300 倍液，连喷 2～3 次，能有效地控制新梢旺长，促进花芽分化。

扣棚前冬剪应遵循“疏枝为主，长留长放”的原则。长放中、长果枝，短截下垂细弱果枝，疏除或拉平背上果枝，疏除无花强营养枝、直立枝、病虫枝、过密枝、交叉枝、竞争枝，其余枝不动。

在设施内，植株发芽后及时疏除过密新梢，并将两侧直立新梢及时捋平，但不可对新梢摘心。

因果实采前迅速膨大，大量消耗营养，致使树体极度衰弱，所以，采后 20 天内不宜修剪，应采取用肥、断根处理等措施迅速恢复树势，20 天后修剪时也不可重剪。如果采后修剪过早、过重，会导致树势更加衰弱，这是保护地植株发生黄叶、死根，甚至死树的原因之一。采果后修剪时，先把直立枝捋平，捋平后过密的适当疏除，过粗过大的直立枝和结果后下垂的枝全部疏除，交叉枝适当回缩，最后把不见光的枝剪去。此后如再旺长可施用生长调节剂加以控制。此法修剪量轻，树势健壮，剪后不久即形成花芽，并比栽植第一年提前 2 个月，花芽极饱满，翌年坐果率高，产量高。

冬季修剪时剪去直立枝、重叠枝、过密枝，并回缩交叉枝，对衰弱枝组适当更新。

十二、樱桃保护地栽培

147. 樱桃对环境条件有什么要求?

樱桃作为果树栽培的主要有中国樱桃、欧洲甜樱桃、欧洲酸樱桃和毛樱桃。中国樱桃和毛樱桃果实小，通称为“小樱桃”；欧洲甜樱桃和欧洲酸樱桃栽培品种果实大，称为“大樱桃”。生产栽培的主要是中国樱桃和欧洲甜樱桃。对环境条件的要求分述如下：

(1) 温度

樱桃喜温，耐寒力弱，要求年平均气温12～14℃。一年中，大樱桃要求高于10℃的时间在150～200天。中国樱桃在日平均温度7～8℃，欧洲甜樱桃在日平均温度10℃以上开始萌动，15℃以上时开花，20℃以上时新梢生长最快，20～25℃果实成熟。冬季发生冻害的温度为−20℃左右，而花蕾期气温−5.5～−1.7℃、开花期和幼果期−2.8～−1.1℃即可受冻害。果实第一次迅速生长期和硬核期平均夜温宜高，第二次迅速生长期平均夜温宜低，有利于缩短果实生长期，获得早熟果实。部分品种的需冷量参见表20。

(2) 光照

樱桃是喜光树种，以甜樱桃为甚，其次为酸樱桃和毛樱桃，中国樱桃较耐阴。光饱和点为$40 \sim 60 \times 10^3$勒克斯，光补偿点

400 勒克斯左右。在良好的光照条件下，树体健壮，果枝寿命长，花芽充实，坐果率高，果实成熟早，品质好。

表 20 樱桃品种需冷量

品 种	需冷量（小时）	品 种	需冷量（小时）
拉宾斯	624	大 紫	624
金樱桃	792	斯坦勒	792
佳 红	792	佐藤锦	792
最上锦	792	雷尼尔	792
先 锋	1 128	沙蜜豆	1 296

(3) 水分

大樱桃是喜水果树，即不抗旱，也不耐涝。适于年降水量 600～800 毫米的地区。年周期中果实发育期对水分状况很敏感。大樱桃根系呼吸的需氧量高，介于桃和苹果之间，水分过多会引起徒长，不利于结果，也会发生涝害。樱桃果实发育的第三期，春旱时偶尔降雨，往往造成裂果。干旱不但会造成树势衰弱，更重要的是引起旱黄落果，以致大量减产。特别是果实发育硬核期的末期，旱黄落果最易发生。

(4) 土壤

樱桃对土壤的要求因种类和砧木而异。一般说，除酸樱桃能适应黏土外，其他樱桃在黏土中均生长不良，特别是用马哈利樱桃作砧木的最忌黏重土壤。酸樱桃对土壤盐渍化适应性稍强。欧洲甜樱桃要求土层厚、通气好、有机质丰富的沙质壤土和砾质壤土。土壤 pH 在 6～7.5 条件下生长结果良好。耐盐碱能力差，忌地下水位高。

148. 樱桃保护地栽培如何选配适宜的品种?

目前，我国甜樱桃保护地栽培主要集中在环渤海地区的山东和辽宁。山东主要在潍坊、烟台、青岛和临沂地区，辽宁主要集中在大连地区，两省的其他地区以及河北、吉林、黑龙江、内蒙古、陕西、山西、新疆、甘肃、北京、河南等省市有零星栽培。山东甜樱桃保护地栽培品种主要以红灯、美早、先锋为主，其次有拉宾斯、岱红、佳红等；辽宁主要以红灯、美早为主，另有少量的拉宾斯、先锋等品种。

根据甜樱桃保护地栽培的目的，栽种的品种应有所选择。如果是简单的防雨防花期冻害的栽培模式，选用的品种和当地露地栽培选用的品种相似。如果是促早熟栽培，原则上是选用需冷量少的早熟品种为主，品质优，果个大，果色红，丰产，综合经济性状优良。如早红宝石、极佳、布鲁克斯、早大果、红灯、8-129、龙冠，搭配少量早、中熟和中熟大果型品种，如桑蒂娜、美早、萨米脱和艳阳。如果进行延后成熟栽培，原则上应采用需冷量长的晚熟品种如拉宾斯、甜心、雷佶娜等。

甜樱桃的绝大多数品种自花结实率低或自花不结实，必须配置授粉树。授粉品种配置应不少于30%，一个果园内一般要配备2个以上授粉品种，且授粉树配置距离不能大于12米。授粉品种应选择花粉多、与主栽品种授粉亲和力好、花期与主栽品种必须相遇，花期错过1天以上，坐果率就会降低。同时还应具备果实性状优良、早果性状好、丰产的特点。如早大果的适宜授粉品种有先锋、雷尼尔、拉宾斯等，红灯的适宜授粉品种有先锋、红艳、雷尼尔、拉宾斯等，美早的适宜授粉品种有先锋、雷尼尔、拉宾斯等。红灯、先锋、大紫、拉宾斯等可互为授粉品种。

主要优良品种介绍如下：

(1) 红灯

大连市农科所育成。是我国目前的主栽品种之一。果实肾形。平均单果重 8.4 克，最大果重 15 克。果皮底色黄白，紫红色，有光泽。果肉红色，酸甜适口，风味浓厚，肉质较软，含可溶性固形物 17%。果柄短粗，耐贮运性较好。果实发育期 40～45 天。

树势强，生长旺，萌芽率中等，成枝力强，枝条粗壮，开始结果期偏晚，连续结果能力强，丰产性好，抗裂果。有自花结实能力，但生产中必须配置授粉树，授粉品种以那翁、红艳、红蜜、先锋较好。休眠期低温需求量 850 小时。

(2) 早大果

乌克兰品种。果实近圆形，在缝合线近果顶处有 1 个凹陷。平均单果重 8 克，最大果重 13 克。果皮紫红色，有光泽。果肉红色，风味酸甜可口，鲜食品质佳。半硬肉，果柄中长，较粗，较耐贮运。果实发育期 33～38 天，比红灯早 3～6 天。成熟期较一致，畸形果率低。进入结果期较早，丰产，自花不实。

(3) 美早

美国品种。果实宽心脏形，果顶微凹，缝合线凹下。平均单果重 8.5 克，最大果重 15.6 克。果皮紫红色，有光泽。果肉红色，风味酸甜可口。果柄特别短粗，果与柄较难分离，肉质硬脆不变软，耐贮运。成熟期比红灯晚 5～7 天。早果，丰产。

(4) 红艳

大连农科院选育。果实宽心脏形。平均单果重 8.0 克。果皮浅黄色，阳面着鲜艳红霞，有光泽。肉质软，肥厚多汁，风味酸甜味浓。果柄中长、中粗，不易落果，果皮较厚，耐贮运。果实发育期 50 天左右。自花不结实。

(5) 先锋

加拿大品种，又名凡。果实球形至短心脏形，梗洼中广、中深、缓，果顶较平，缝合线明显，并在近果柄处下凹。平均单果重 8.1 克。果实完熟时紫红色，有光泽。果肉玫瑰红色，肥厚，多汁，风味好。果柄中长、中粗，不易脱落，肉质较脆，耐贮运，抗裂果。果实发育期 55～60 天。早果性、丰产性较好，连续结果能力强。

(6) 雷尼尔

美国品种。果实宽心脏形或肾形。平均单果重 9.5 克，最大果重 12 克。果实底色黄色，阳面着鲜红色晕。果肉黄色，汁液无色，酸甜适口，风味浓郁。果柄短粗，果实肉质较硬，耐贮运，较抗裂果。果实发育期 60～65 天，进入结果期早，自花不实，但花粉多，是优良的授粉品种。

(7) 拉宾斯

加拿大品种。鲜食、加工兼用品种。果实近圆形，个别果实表现高桩，缝合线明显，缝合线接近梗凹处高凸起。平均单果重 8.6 克，最大果重 11 克。果皮深红色，有光泽。果肉红色，硬而脆，果汁多，甜酸可口，风味佳，含可溶性固形物 16%，果实成熟后酸度下降。果柄中长、中粗，果肉较硬，耐贮运性较好。果实发育期 65～70 天。它既是自交亲和性品种，又是一个广泛的花粉供体，无病毒病。

树势较强健，树姿开张，树冠中大，幼树生长快，半开张。萌芽率高，成枝力强，枝条中壮。结果早，连续结果能力强，高产稳产，抗裂果。自花授粉结实能力强，蜜蜂传粉坐果率更高，又是一个良好的授粉品种。

(8) 大紫

原产前苏联。现分布于烟台、大连、昌黎、西安、太原等地，为我国主栽品种之一。果实心脏形，平均单果重 6～7 克。果皮紫红色，果肉红色，肉质软，果汁较多，味甜，果肉可食部分占 90%，含可溶性固形物 12%～15%，品质上等。山东泰安 5 月上、中旬成熟，辽宁大连 6 月中旬成熟。

树冠大，生长旺盛，树姿开张，成枝力强，小枝多，丰产。花粉较多，是许多品种的优良授粉品种。

(9) 意大利早红

原产法国，是 Bigarreau Moreau 和 Bigarreau Burlat 两个红色早熟品种的统称，20 世纪 90 年代引入山东省，1999 年通过山东省农作物品种审定。

果实短鸡心形，单果重 8～10 克，最大 12 克。果实紫红色，有光泽。果肉红色，细嫩多汁，含可溶性固形物 11.5%，酸 0.68%，品质上。山东泰安果实 5 月中旬成熟。

树体生长健壮，树姿较开张，幼树萌芽力和成枝力均强，开始结果早，丰产稳产，不裂果，不仅适合于露地栽培，而且特别适合于保护地促成栽培。适应性强，抗寒、抗旱。

149. 樱桃保护地栽培怎样栽植?

樱桃保护地栽培形式有两种：一是大树移栽，采用即将开始结果的樱桃良种树直接移栽到大棚内定植；二是先按规定株行距栽树，培养成开始结果的樱桃树时再建大棚。山东主要采取露地栽培与保护地栽培结合的方式进行，即在露地培养结果幼树，就地扣棚，并根据树体花芽状况确定是否扣棚。一般扣 1～3 年，休 1～2 年之后再扣。辽宁等地主要采取异地培植结果幼树，移植建棚的方式进行。甜樱桃保护地栽培是在露地栽培的基础上进行，一般在树龄达4～6年生以上开始扣棚。

苗木栽植和大树移植的时间一般在春季3月中旬至4月上中旬，土壤解冻到苗木及树体发芽前；秋栽时间在霜冻后，移栽前摘掉树上没落的叶片。

栽植株行距3～4米×4～5米。建园时间较长的棚室栽植可采用计划密植，株行距2米×3米，分永久株和临时株，有计划地培养和砍伐。一般采用南北行向。

定植时，挖定植沟，一般沟宽0.8米，深0.6米，土壤板结时应适当加深，表土与底土分放，沟内施足有机肥，每666.7米^2 4 000千克左右，加适量磷钾肥。回填时，将土和肥混匀填入，充分灌水，使之沉实。栽前定植沟上覆土高出地面25厘米，形成高垄，垄宽30厘米左右，栽后灌水，行间覆盖黑色地膜。新栽树后定干，干高30～40厘米，温室中南低北高。

移栽时将树抬入栽植穴中央，将根系舒展开，边埋土边轻轻摇晃主干边踏实土壤，使土与根系密切接触。

150. 樱桃保护地栽培何时扣棚？

温室促成栽培樱桃一般要进行人工破眠，在晚秋尽可能地创造适合樱桃休眠的低温，在平均气温低于10℃时扣棚，白天温度高时盖草帘遮荫降温，夜间外面温度低时，拉起草帘并打开前底角和所有通风口，让冷空气进来进行降温。创造低于7.2℃的环境，并延长其维持时间，尽快达到樱桃的需冷量（表20）。

人工促眠及升温时间，各地根据当地气候条件确定。山东、陕西冬暖式塑料大棚一般于12月中、下旬至翌年1月上旬扣棚，扣棚后即升温，或先覆盖人工促眠后再升温。春暖式棚在2月上、中旬扣棚，扣棚后即升温。辽宁及其他北方地区于10月中、下旬进行覆盖休眠，12月升温。晋中地区可在10月下旬扣棚，放下保温被降温，使其落叶，被迫进入休眠。寒冷地区可更早扣棚。12 月中旬至翌年 1 月初开始揭开保温被升温，昼揭夜盖，浇 1 次透水后覆盖黑地膜，以利地温很快回升，根系能够提早活动。

扣棚升温后同一个大棚内有的品种开花期推迟、花期延续的时间长，说明该品种没有通过休眠，该品种来年可喷施“荣芽”（液体单氰胺）或“果树休眠剂 1 号”，据说能替代部分需冷量，使晚开花品种的花期与其他品种同步。

采收前 3～5 天开始逐渐加长通风换气时间，减少棚室内外温、湿差，提高树体对外界的适应性。采果后立即除去棚膜，防止落叶和采后二次开花。

151. 樱桃保护地栽培怎样整形修剪?

(1) 适宜树形

大樱桃保护地栽培，树形主要采用纺锤形，树高 4～5 米，全株主枝 25～30 个，温室前部、大棚两边适当降低高度，减少主枝数量。

也可采用改良主干形，干高 60 厘米，保持中央领导干的优势，其上均匀配置 6～8 个水平延伸主枝，其上着生结果枝组，树高 2.5～3.0 米左右；温室前部、大棚边行可采用自然开心形，即从地面分生 3～5 个主枝，开张角度为 45°～60°，树体较矮。

(2) 生长期修剪

大樱桃修剪整枝，要以生长季修剪为主，休眠期修剪为辅，人工整形修剪与化学修剪相结合。在生长季完成整形修剪的大部分任务，这是保护地栽培成功的关键。按照树形要求，选留骨干枝，5 月至 7 月上中旬，主枝延长枝长 40 厘米左右时摘心，促发分枝；骨干枝接近树形要求长度即行拉枝，拉到 70°～80°角，促进分枝，培养结果枝和结果枝组。主枝上着生的直立新梢长5厘米时摘心，以促使新梢成花。非骨干枝控制生长，培养结果枝和结果枝组。疏除过密枝梢。配合化学调控，如施用多效唑等，控制树体旺长，促进成花。

(3) 休眠期修剪

选留骨干枝，平衡各骨干枝生长，树形完成前，达不到长度的主枝适当短截。当树形基本形成后，休眠期修剪一般不要短截，实行缓放。但直立枝即使不短截，顶端也能发出几个旺枝，必须采取拉枝的方法将其拉平，缓和其生长势，使下部短枝有充分的光照和营养条件，形成各类结果枝。

(4) 扣棚后修剪

扣棚后管理要点是，控制新梢旺长，促进果实生长，维持土壤合适的湿度。春季必须控制新梢生长，促进果实生长。稍有不慎就会引起落花落果。

结果枝坐果后，第1花序前留5～6芽剪去，新梢超过5厘米时摘心，以减少养分消耗，提高坐果率。

(5) 采果后修剪

保护地栽培大樱桃在果实采收后要进行1次修剪。树冠的控制、树体结构的调整、骨干和结果枝组的更新复壮都要在这次完成。

一是对骨干枝采取放出去、缩回来的办法。维持树冠的大小和高度，防止树冠间的交叉和树冠顶部距棚膜过近，维持骨干枝中庸树势。对大树进行落头开心，去大枝，优化枝类结构，改善通风透光条件。拉枝开张大枝角度。

二是对开始衰弱的结果枝组进行回缩更新复壮，回缩到壮枝壮芽处。

三是对部分外围新梢进行短截，注意剪口芽选在叶芽上，避免后部花芽的萌发，同时选好芽的方向。

四是对过密枝、交叉枝、重叠枝进行回缩或者疏除处理，使结果枝组由弱变壮，改善树冠通风透光条件。注意疏除顶部遮光严重的过密枝及下部离地面较近的无效枝。

生长季节，当新梢长到 10～15 厘米时摘心，二次梢旺长期留 5 厘米连续摘心，可当年成花，形成结果枝组。

（6）减少伤口

大樱桃的伤口愈合能力差。无论是根上和枝上的伤口均难愈合。要尽量避免粗枝和粗根的疏除，一旦疏除大枝，容易引起树势衰弱。幼树期整形就要分清主次，留有所用，不留废枝，防止留临时枝长成粗枝，以免将来难以去掉。即使是去枝也应当在果实采收后进行，并且要搞好伤口保护，促进伤口愈合。实施涂白措施，做好树体保护也是非常重要的。

152. 樱桃保护地栽培怎样进行土肥水管理？

（1）土壤管理

从定植到扣棚之前，大樱桃在田间露天生长约 3～4 年，按田间土肥水要求管理。进入结果期开始扣棚，进行保护地栽培，肥水的供应要随着产量的增加而增加。

樱桃保护地栽培土壤多采用清耕，也实行覆盖，覆盖地膜或覆草。果实开始着色后，树下铺反光膜，使果实着色均匀，色泽更漂亮。

（2）施肥

为了促进定植苗当年树生长，必须加强肥水管理。在施足基肥的基础上，可于 6 月中、下旬追施 1 次速效肥，若是结果初期大树可株施磷酸二铵 1.5～2 千克。保护地内追肥最好要在距树干50厘米处挖环状沟，均匀撒施化肥后覆土盖实。然后灌1次小水。不宜在地面上直接撒施化肥后灌水。定植当年树也可于5月中、下旬到6月上旬喷施0.3%的尿素2～3次，促进枝叶生长，进入8～9月份可施施0.3%的磷酸二氢钾2～3次，促进枝条成熟和花芽分化。并根据树体的长势情况，于早秋施入基肥，以有机肥为主，如株施腐熟鸡粪10～20千克或是饼肥1～2千克，或株施优质圈肥20千克，磷肥0.3克，钾肥0.8千克，或株施腐熟土肥80～100千克。

在保护地内，开花前株施尿素250克；谢花后，株施硫酸钾复合肥1.5～2.0千克；采果后抓紧进行补肥，尽快恢复树势，为花芽的形成做好准备，株施磷酸二铵1千克，或株施尿素0.25千克，磷肥0.2千克，钾肥0.8千克，或株施腐熟的人粪尿80～100千克。谢花后3天，叶面喷0.3%的尿素；花后10天左右，喷0.2%的磷酸二氢钾；揭棚后，喷0.4%尿素+0.2%的磷酸二氢钾；5月中下旬，喷0.3%尿素+500倍液光合微肥，整个生长季喷5～7次。

(3) 浇水

樱桃对土壤水分要求高。在定植后，每隔1周左右灌1次水，要小水勤浇，不宜大水漫灌。4、5月份尤其是5月份要保证土壤湿润。在秋季则要适当控制灌水。

在保护地中，大棚樱桃浇水应本着“少浇勤浇，少量多次，土壤湿润”的原则进行。发芽前开沟浇，保持地面干燥。花后15天，选晴天浇果实膨大水，成熟期浇水1次。追肥后及时浇水。浇越冬水，或扣棚前浇水。

153. 樱桃保护地栽培怎样进行花果管理?

樱桃果实的生长发育期较短，从开花到果实成熟35～55天。

甜樱桃的果实发育过程表现为 3 个阶段：第一阶段为第一次迅速生长期，从谢花至硬核前。主要特点为果实（子房）迅速膨大，果核（子房内壁）迅速增长至果实成熟时的大小，胚乳亦迅速发育。这一阶段的长短，不同品种表现不同，大紫为 14 天，那翁为 9 天。这阶段结束时果实大小为采收时果实大小的53.6%～73.5%。这说明这阶段时间虽不长，但果实生长迅速，对产量起重要的作用。第二阶段为硬核和胚发育期。主要特点果实增长缓慢，果核木质化，胚乳逐渐被胚发育所吸收而消耗，这阶段大体为 10 天。这个时期果实实际增长仅占采收时果实大小的3.5%～8.6%。如果此阶段胚发育受阻，果核不能硬化，果实会变黄，萎蔫脱落，或者成熟时多变为畸形果。第三阶段为第二次迅速生长期，自硬核至果实成熟。主要特点是果实迅速膨大，横径增长量大于纵径增长量，果实着色，可溶性固形物含量增加。本阶段大紫需 11 天，那翁为 17 天，这个时期果实的增长量占采收时果实大小的 23%～37.8%，这个阶段在迅速生长的同时主要是提高品质。果实在发育第三阶段如果遇雨，或者前期土壤干旱，后期灌水过多易产生裂果现象。

(1) 辅助授粉

为了传粉授粉受精，提高坐果率，开花前 7 天每 666.7 米^{2}放蜜蜂 1～2 箱，或壁蜂 100～150 头，通风口处要用纱网封上，以防蜜蜂跑失。

自盛花初期开始，进行 2～4 次人工授粉。每次点授都要逐株逐枝地进行，以保证不同时期的花都能及时授粉。也可用鸡毛掸子在授粉品种的花朵上轻轻滚动，再到主栽品种的花上滚动授粉。

(2) 叶面追肥

盛花前后，相隔 10 天喷施 2 次叶面肥，第一次喷施 1%白糖加 0.2%硼砂溶液，第二次喷施 0.2%尿素加 0.3%硼砂溶液，有助于提高坐果率。

(3) 疏花疏果

为增加保护地樱桃的单果重和提高果实的整齐度，可在萌芽前疏花芽，一般一个有 7～8 个花芽的花束状短果枝，可疏掉 3 个左右的瘦小花芽，保留饱满芽 4～5 个。疏芽时一定不要疏掉中心叶芽。

开花后再疏花，每个花束状短果枝可留 7～8 朵花。

生理落果后，疏除小果、畸形果，以提高单果质量。

(4) 促进着色

果实着色初期，适当摘除挡光叶片，树冠下铺反光膜，北墙拉反光幕，可促进着色。

(5) 果实采收与包装

果实成熟度主要依据果面着色情况来确定。当黄色品种底色褪绿变黄，阳面开始有红晕；红色、紫色品种，当果面全部变红时表示已成熟。保护地栽培的成熟期一般比露地早 1～2 个月。坐果后估计大体的成熟时间，如果想提前成熟，可以适当提高夜间棚温 2～3℃。

甜樱桃是果中珍品，包装要精美，用纸盒包装要大方美观，以便更加吸引顾客。

154. 樱桃保护地栽培环境怎样调控？

(1) 温湿度调控

根据各地的经验，保护地樱桃各发育阶段温度、湿度调控指标归纳为表 21。

表 21　保护地樱桃温湿度调控指标

时　　期	保温第一周	保温第二周	保温第三周	大花蕾期至开花	花后	果实成熟期
白天最高温度（℃）	14	17	20	20	23	25
夜间最低温度（℃）	0～2	3～5	6～8	8～9	9～10	13～15
白天湿度（%）	70	70	70	50～60	40～50	40～50
夜间湿度（%）	80	80	80	60～70	40～50	50～60

保护地樱桃的温度、湿度可通过通风口或揭盖覆盖物来调控。前期温度的调节直接影响果品产量，后期温度的调节则直接影响果品质量。

从开始升温到开花，温度要逐渐提高。从开始升温到开花约需要 35 天左右的时间，如果升温过快，25 天就可能开花，但开花后落果现象严重，有的可达 80%。

花期温度要平稳，不宜过高，也不宜过低，日较差不能太大。应注意两点：一是温度不能低于 10℃。要特别注意夜间低温，一旦降到极限温度附近，应立即人工加温。二是遇到晴好天气，应特别注意通风降温。棚内要挂上温度表及时观察，温度表应挂在树体中上部，或下部与中上部各挂 1 个。树体中上部的温度升到最高温度附近时，应立即打开风口降温，不能等到升到极限温度后，再通风降温。有时中午温度会上升至 30℃以上，会导致花粉生活力降低和胚珠迅速衰败而失去授精能力。花期湿度大不利于授粉，影响坐果。

坐果后温度也应维持在 15～20℃，在果实发育前期，从落花后到幼果膨大，白天温度从 18～19℃逐步升到 20～22℃，最高不能超过 23℃。夜温控制在 7～8℃，最高不能超过 10℃。果实膨大期温度不可过高，否则易造成落果和果实品质变劣。到果实着色至果实成熟期，白天温度控制在 22～25℃，保证昼夜温差在 10℃以上，以利于果实着色和成熟。

催芽期适当的高湿有利于芽的萌发。在开花期间，空气相对湿度要控制在50%左右，所以，在开花期不宜灌水和喷药，湿度过大时要通风降湿。果实生长后期调节设施内的湿度最为重要，如果湿度过大，易造成裂果。浇水时应加大放风口（白天），降低湿度。同时要注意收听天气预报，在天气晴好时才能浇水。阴天浇水，容易造成大量裂果。

（2）气体调控

为了补充棚内的二氧化碳，通风是切实可行的措施，但通风和维持棚内温度有矛盾，原则上是在不造成植株伤害的条件下，晴天应加大通风量。有的在棚内定时释放工业二氧化碳，一般的地方没有这种条件。在初花期，行间开2厘米的沟，按每平方米60克的剂量施入多元素固体颗粒肥，施后覆土，保持土壤湿润疏松，可连续释放二氧化碳40天左右。

有机肥和秸秆发酵过程中能不断释放出二氧化碳，可在秋季在棚外用10米^{3}含氮量较低的牛粪与10米^{3}秸秆混合沤制成含氮量低的有机肥，在扣膜前施入棚内，这种肥料在继续分解过程中能不断产生二氧化碳。

还可在设施内置反应堆释放二氧化碳。一般11月份在树行下，从树干两边分别起土至树冠外缘下方，靠近树干起土，深10厘米，越往外越深，到树冠外缘下方深度为20厘米。将所起土分放在四周，形成埂畦式造型。然后在畦内铺放秸秆，厚度30～40厘米，秸秆在畦四周应露出来10厘米的茬头，填完秸秆后，再将处理好的菌种，按每棵用量均匀撒在秸秆上面。撒完菌种用锨拍振一遍，进行回填覆土，厚度8～10厘米。待大棚盖膜提温前10天左右，浇一次大水湿透秸秆，晾晒3天后，盖地膜，打孔，在膜上用12＃钢筋按行距40厘米，孔距20厘米打孔，孔深以穿透秸秆为准。设施果树内置反应堆一般每666.7米^{2}需秸秆3 000～5 000千克，菌种8～10千克，疫苗4～5千克。

肥料、反应堆在发酵过程中会产生甲烷、氨、硫化氢等有毒气体，应注意通风排出。

（3）增加光照

萌芽后适当提早揭帘时间，即使阴天也应揭帘利用散射光，以增加光照。果实着色期摘叶和铺挂银色反光膜，充分利用光源，促进果实着色，提高商品性。

155. 樱桃保护地栽培怎样防治病虫害?

（1）主要病虫害及其综合防治

甜樱桃在保护地栽培中的病害有褐斑病、细菌性穿孔病、叶斑病、干腐病、根癌病及病毒病等。虫害有大青叶蝉、舟形毛虫、樱桃实蜂等。

在休眠期剪除病梢，清扫落叶。

扣棚后萌芽前喷一遍 3～5 波美度的石硫合剂。

展叶后喷硫酸锌石灰液（硫酸锌 0.5 千克，消石灰 2 千克，水 120 升）防治细菌性穿孔病，也可喷 70%代森锰锌 600 倍液，或 75%百菌清 600 倍液等防治。萌芽展叶后发生毛虫和卷叶虫及时人工捏除。

谢花后，当樱桃实蜂卵孵化率达到 5%时喷功夫 2 000 倍液。

采果后喷 2 次 70%代森锰锌 500 倍液，或 50%多菌灵 700 倍液，采收后发生红蜘蛛和二斑叶螨时用爱福丁或齐螨素防治，潜叶蛾用灭幼脲或蛾螨灵防治。

6 月底和 7 月底各喷 1 次 1∶1∶240 倍波尔多液；7～8 月份喷 2 次石灰等量式波尔多液 200 倍液。可防治多种病害。

（2）流胶病及其防治

流胶病为樱桃树上最常见病害之一。自萌芽开始，在枝干伤口处和枝杈栓皮死组织处溢泌树胶。流胶后，病部稍肿，皮层及木质部变褐腐烂，并腐生其他杂菌，导致树势日衰，严重时枝干枯死。

防治方法：增施有机肥，防止旱、涝、冻害；健壮树势，提高树体抗性；树干涂白，预防日灼；增强病虫害防治，特别是蛀干害虫的防治；修剪时减少伤口，避免机械损伤；对已发病的枝干应及时、彻底刮治，伤口用生石灰 10 份、石硫合剂 1 份、食盐 2 份、植物油 0.3 份加水调制成保护剂涂抹。

十三、枣保护地栽培

156. 枣为什么要进行保护地栽培？

从各地的情况看，枣树保护地栽培，一是发展当地名优特产，提高质量，发挥更大的经济效益。如冬枣，可以减少绿盲蝽及一些病害的危害，这些病虫害使部分园片遭致不同程度的损失，果面凹凸不平，严重影响了果品的外观质量，减少了果农的经济收入。在有些地方，苹果枣、沾化冬枣等晚熟品种，因采收期大多在晚秋时节，正好赶上绵绵秋雨，裂果50%以上，为预防裂果，果农只好早采早卖，这样严重的降低了原有的品质，也影响了市场上鲜食枣的形象，为此采用设施大棚避雨栽培，枣红再采收。这样，保护地栽培不但解决了鲜食枣成熟遇雨而裂的难题，而且增高了糖度，提高了经济效益。

二是拉长鲜食枣的供应期。枣树保护地栽培，一般选择树体矮小，修剪反应不敏感，早果性强，丰产个大优质，成熟期为早、中熟的鲜食品种，如泾渭鲜枣、七月鲜、早脆王、伏脆蜜、国光枣、金丝新4号、营州贡枣、早酥芽枣等。延迟栽培应该亦可行，但未见报道。发展鲜枣的保护地栽培，是拉长鲜食枣的供应期、实现枣周年供应的一条有效途径。

157. 枣对环境条件有什么要求？

据统计，枣品种有500多个。枣的品种按15℃等温线分成南枣和北枣两大品种群；依用途分为制干、鲜食和加工品种 3 类；按果实形状和大小，分为大枣和小枣两类，大枣品种平均单果重 8 克以上，小枣 5 克左右。

对环境条件的要求分述如下：

(1) 温度

枣对温度适应范围广，既耐热又耐寒，生长期可耐 40℃的高温，休眠期可耐－35℃的低温。枣是喜温的果树，一般适宜生长的年平均温度，北枣为 9～14℃，南枣为 15℃以上。春季气温达 13～14℃时开始萌动，17℃以上开始抽枝、展叶和花芽分化，20℃以上开始开花，22～25℃进入盛花期，24～25℃利于花粉发芽，坐果则以 22～25℃为宜，果实成熟期适温为 18～22℃，根系生长要求土温 7.2℃以上，22～25℃达到生长高峰。气温下降到 15℃开始落叶。

(2) 水分

枣对降水量有较广的适应范围，在 200～1 500 毫米地区均能生长良好。花期需要较高的空气湿度，花粉发芽相对湿度在 70%～80%为宜。果实成熟期需要较低的空气湿度，切忌多雨，否则会引起落果、裂果，降低品质。

(3) 光照

枣是喜光树种，生长在光照充足地方的枣树，树体健壮，产量高，品质好。

(4) 土壤

枣对土壤适应范围广。除重黏土外，不论是砾质土、沙质土、壤土、黏壤土或黏土，以及酸性土或碱性土，都能适应；高山、丘陵、平原均可栽植。一般在土层深厚的沙壤土上生长健壮，产量高；适宜的土壤 pH 值 5.5～8.4。抗盐力亦强，在总盐量低于 0.2%～0.3%的土壤上表现正常。

158. 枣保护地栽培适宜的品种有哪些？

(1) 冬枣

主要分布在河北、山东等地。

果实近圆形，果面平整光洁，果形酷似小苹果。单果重 14 克，最大果重 45 克。呈赭红色，皮薄，核小，汁多，肉质细嫩酥脆，甜味浓，略酸。鲜枣含糖量 34%，含酸量 0.47%，含维生素 C303 毫克/100 克，品质极上。果实生育期 125～130 天。从 9 月下旬（白熟期）至 10 月中旬（完熟期）可陆续采收。枣核呈纺锤形。

树势中庸，发枝力中等，定植后 2～3 年结果，高接后第二年结果，丰产，稳产。适应性强。为优良的晚熟鲜食品种。

(2) 梨枣

原产山西运城龙居乡东辛庄一带，栽培数量极少，为枣树中稀有的名贵鲜食品种。自 1981 年开发培育，已推广到全国十几个省、市。

果实近圆形，单果重 31.6 克，最大果重 82.7 克。果面不平，皮薄，淡红色，肉厚，绿白色，质地松脆，汁液中多，清香甜脆，风味独特。鲜枣含糖量 23.5%，含酸量 0.36%，含维生素 C 392.5 毫克/100 克，果实品质极上。核长纺锤形，核面粗糙，沟纹深，先端而渐尖，基部略钝，无种仁。

树势中庸，树姿下垂，干性弱，发技力强，树体高大，进入结果期早，丰产稳定。定植当年可少量开花结果，3 年进入丰产期，4 年进入盛果期。采前遇风较易落果。适宜密植和集约化栽培。

（3）伏脆蜜枣

1996 年从山东省枣庄市著名的鲜食枣品种枣庄脆枣中选出，2006 年 12 月通过山东省林木品种审定委员会审定，2007 年 9 月通过山东省科技成果鉴定。

果实短圆柱形，平均单果重 16.2 克，最大果重 27 克。果面粉白色，向阳面鲜红色，极美观。肉质酥脆无渣，汁液丰富，脆熟期鲜果含糖量 29.9%，完熟期鲜果含糖量 36.2%，品质极上。核较小，长椭圆形。果实 8 月中旬脆熟，8 月下旬完熟。果实发育期 77～85 天。8 月中旬上市，采前久旱遇雨有轻微裂果。

树势强健，干性和发枝力较强，树体结构紧凑，幼树枣头生长势旺，当年萌发的二次枝即可开花结果。在山东枣庄保护地栽培，2002 年定植，当年 12 月底扣棚升温，翌年 6 月中旬果实成熟，产量达 700 千克，2004 年产量达 1 220 千克，2005 年产量达 1 250 千克。

（4）泾渭鲜枣

保护地栽培，果实长圆形，平均单果重 26.45 克，最大果重 36.40 克，果实平均纵径 4.08 厘米，横径 3.78 厘米。果皮深红色，薄，果肉厚，质地松脆，可食率高，含可溶性固形物 26.0%，鲜食品质上。果梗细、短。果实生育期 82 天左右，7 月中下旬成熟。

树势中庸，树体健壮，主芽萌发力、成枝力强，一年生萌发二次枝 15.6 个，刺针长，叶片较大，幼树成形快，结果早。自花结实，丰产性强，设施内 3 年生最高株产 4.65 千克，平均 2.8 千克。

159. 枣保护地栽培怎样栽植?

枣保护地栽培一般是春植，3 月底 4 月初。

选用根系完整、发达，主根长度不小于25厘米，15厘米长的侧根6条以上，生长健壮，干高0.8米以上，基部基径为0.8～1.2厘米以上，无病虫害的1～2年生苗木。根系进行适当修剪后，用生根剂浸根12～24小时。刚出圃的苗木也可用高浓度的生根剂浸根5～30秒后立即定植。将苗木用300倍植物营养素泥浆蘸根，能提高成活率、促进前期生长。

每666.7米^{2}施有机肥3 000～6 000千克。

一般南北行向栽植，栽植株行距0.7～0.8米×1.2～1.5米。

栽植形式有两种：一是挖定植沟定植，定植沟宽、深皆为40厘米。将有机肥与土混合均匀填入定植沟并灌水沉实。再挖穴定植，定植后立即灌水，覆白色地膜保湿。二是起垄栽培，以防涝和限制根系扩展。苗木定植前全园撒施有机肥，撒后翻耕土壤。起垄的规格是垄宽1米，沟宽0.6米，垄高0.4米，沟底要有一定的坡度，以利排水。栽植时在垄上挖30厘米见方的穴，浇足水将苗木植入。定植后整个垄面覆盖宽0.9～1米的黑色地膜，以利保湿、增温、防止杂草滋生。

栽植方法也有两种：一是常规栽植，即苗木直立栽植，栽后定干，于嫁接口以上15～20厘米处（一般在第一个二次枝处）短截，剪口涂油漆保护伤口。一般进行苗干套袋。二是栽植后不定干，用高度1.5米以上细竹竿插在苗木旁边，将苗木在60厘米处固定，然后将苗木拉成80°～90°角。拉干时同一行的方向要一致，以利于以后的管理。

160. 枣保护地栽植后怎么管理?

(1) 摘除套袋

苗木成活展叶后，将套袋摘除，先于傍晚在套袋顶部剪口放风，经过几天锻炼后再在傍晚摘除套袋。

(2) 肥水管理

展叶后间隔20天左右，按每次每株20克速效肥的标准浇肥1次，连续3次，前期以尿素为主，中后期以硫酸钾为主。同时进行叶面喷肥，展叶后间隔7～10天喷1次500倍植物营养素和300倍尿素混合液。喷施前植物营养素和尿素要一起放在非金属容器里浸泡2小时以上，以利于充分发挥肥效。7月中旬按株施1～2千克有机肥、0.25千克硫酸钾复合肥和5～20克植物营养素的标准全园撒施，然后浅锄将肥料全部翻入土中。9月底以后，除土壤相对干旱时适量浇水外，一般不浇水。

(3) 整形修剪

保护地栽培的枣树生长旺盛，生长量大，极易造成树冠郁闭，使光照和通风条件恶化。为此，多采用自由纺锤形或改良纺锤形树形，亦可采用圆柱形、开心形。

树体干高控制在60厘米。树高根据植株在设施内的位置灵活掌握，一般控制在1.8～2.5米。树体高度采用前低后高模式，在棚的前沿控制在1米以内，3～4个二次枝，后半部分控制在1.8米以内，逐渐增加二次枝数量，并将其控制在6～10个。日光温室前部、大棚四周的植株，要及时落头开心，树高控制在1.6米以下，最高不超过2米，棚内中间的树高2.3米左右，最高不超过2.8米，保证群体光照。

常规栽植，即苗木直立栽植的，采用有主干树形，萌芽新梢转入正常生长后，选留1个直立生长的健壮新梢作中心干延长枝，其余培养主枝。7～8月份，对生长高度超过1～1.2米，且60厘米以上二次枝数量超过6个的植株，于顶端10厘米处摘心。精细修剪，控制树冠使枣头不过长，枝量不过大。

栽植后不定干，而是实行拉干的植株，夏季开始进入枣头旺长期，要及时抹芽和摘心，由于是拉干定植，弯曲处必会发出一个直立旺长的新枣头，可将其绑扶在细竹竿上促其生长，待长至40厘米时摘心。其他的新枣头可在长至30厘米时重摘心，留梢20厘米。对拉平的原主干，由于直立生长受到抑制，枣头长势削弱，可在其长至30厘米时重摘心。其中后部背上的直立枣头可在萌芽时抹除，苗木干上原来的二次枝可缓放不动，保持缓势生长，以利翌年结果。7月中下旬根据生长情况要对树势进行适当控制，如果枝梢已基本够用时，可叶面喷施300～400倍15%的多效唑，间隔3～5天再喷1次300～400倍的PBO，如果树势仍未得到有效控制，可再喷1～2次，抑制新梢生长。

(4) 病虫害防治

定植苗4～5月份，防治枣瘿蚊、枣步曲、枣黏虫，用10%高效氯氰菊酯、功夫小子、吡虫啉。6月份防治红蜘蛛，用齐螨素，克螨特。

161. 枣大树怎样改换优良品种进行保护地栽培？

为了尽快利用优良品种进行保护地栽培，提高经济效益，高接改换优良品种是一条捷径。如进行保护地栽培，将金丝小枣改接冬枣，大白玲、梨枣改接伏脆红、伏脆蜜、早酥芽枣等。

高接换头进行保护地栽培，首先要选择适宜进行保护地栽培的枣园。保护地栽培一般选择密植园改接良种，以便早成形，及时进行保护地栽培。改接时，先确定改接后的树形，是用原来的树形还是趁改接改换树形，保护地枣树多采用主枝开心形、小冠疏层形和纺锤形等。

发芽前进行嫁接，采用皮下接、劈接等方法。一个主枝接一个头，中心干接一个头作为延长枝。接后立即喷高效氯氰菊酯3 000倍液+渗透剂，也可以套塑料袋保湿，发芽后先破袋放风，再去袋。接后15天左右接芽萌发，要及时除萌2～3次；于6月份新梢长到30～50厘米时及时用木棍绑扎，以防大风吹折。如发现虫害，要及时喷药，并加入磷酸二氢钾、多菌灵。8月上旬，对两边已长到1.5米高的嫁接中心枝进行摘心，对全园除中心嫁接枝外的枝条全部摘心拉斜，有条件的可拉平；8月中旬，对已长至2米高的中心嫁接枝摘心，此时全园的枝条已达到预期目标。9月中下旬，在树行中间开40厘米×40厘米的沟，表土与心土分开放，将沤制的生物粪按666.7米^2 2 000千克施入沟内；先填表土，再填心土，平整后浇水，中耕。

162. 枣保护地栽培扣棚前后怎么管理?

(1) 土肥水管理

枣保护地栽培，开花结果早，对营养需求较高，反应敏感，应在地上部开始休眠、而根系仍在生长的秋季施基肥。以鸡粪、牛粪、羊粪、猪粪、圈肥、厩肥、作物秸秆、杂草等有机肥为主。施用粪肥一定要经过高温发酵。根据肥的质量，每666.7米^{2}施有机肥2 000～4 000千克、硫酸钾复合肥40千克。亦可按照每生产100千克鲜枣施有机肥100～200千克，再加入速效氮肥。可结合秋季深翻在树冠外围环状沟施，将有机肥与土拌匀施入。亦可撒施，施后全园浅锄一遍，将肥料翻入土中。

秋施肥后灌水，可促进树体吸收肥料，有利于养分贮藏积累，有利于第二年树体的生长和结果。

扣棚前，首先促进地温尽快上升，以保证根系先生长，否则易出现萌芽早、花芽弱小等现象。主要措施是在扣棚膜前10～15天充分灌水后覆盖地膜，黑色薄膜较白色薄膜吸光升温效果明显。果实采收后施肥前去除地膜。

(2) 整形修剪

休眠期整形修剪在落叶后至扣棚前进行。主要任务是调整树体结构，疏除病虫枝、过密枝、重叠枝及延长头竞争枝，枝条一般不短截。

主要方法有：

长放。枣头枝的顶端芽能萌发长出延长枝，2次枝顶端一般不能萌发成发育枝，结果母枝一般只长出结果枝。

短截。包括对1年生枣头枝的短截和对2次枝的重短截。枣头枝短截可控制生长。

打尖。对1年生枣头剪去顶部1～2个二次枝，称为打尖。对生长旺的枣头打尖后，顶芽萌发减缓，能促进后面二次枝的生长、结果。

回缩。对多年生主枝或大型结果枝组进行回缩，多对先端结果差的枝条施行。

疏枝。对交叉枝、竞争枝、病虫枝、受伤枝、纤弱枝及无发展空间的各类枝，从基部锯断或剪断。

落头。保护地枣不能过高，对中心干，在适当的高度截去顶端一定的长度，控制株高，打开光路。

(3) 病虫防治

树体修剪后，进行清园。为防止病虫危害，发芽前喷5波美度石硫合剂。

(4) 扣棚休眠

扣棚早晚是大棚栽培成败的关键因素之一，扣棚过早，需冷量不足，导致树体发芽、开花不整齐，扣棚过晚达不到预期提前成熟的目标。

人工促进休眠，11月中旬至12月中旬扣棚，白天覆盖草苫，遮挡阳光，夜间揭开草苫降温，提前满足低温需求量。

一般先扣棚休眠满足低温需求量，也可以自然休眠。扣棚休眠可以提前满足低温需求量，并且早上膜，天气尚暖，便于操作。覆膜应选在无风或微风的晴天进行。

（5）扣棚升温

通过休眠后，就可以升温进行保护地生产。一般情况下，通过休眠后，升温早，果实成熟早，早上市，具体时间根据实际自行确定。一般升温时间在1月中旬至2月中旬。采用缓慢升温的方式，先覆盖全部草帘，之后打开草帘1/3，2/3，直至全部打开，各间隔7～10天，其温度分别控制在0～8℃，2～10℃，5～15℃。

163. 枣保护地栽培怎样进行土肥水管理？

为缓解新梢生长与果实发育之间养分的竞争，应视树体营养状况和施肥基础进行追肥。主要考虑以下时期。

地下追施萌芽肥，每株施多元素果树专用肥1.0千克，施肥后浇水。花前追肥以三元复合肥、二铵为主，以弥补贮藏营养的不足。亦可每株施高活性生物有机肥1～1.5千克。果实膨大期地下追肥1次，株施硫酸钾复合肥0.25千克。幼果膨大期亦可株施氨基酸类矿质肥1～2千克。

芽萌动时全树喷施500倍植物营养素和300倍尿素混合液。抽枝展叶期每10～15天，叶面喷肥1次，分别为0.3%尿素、0.2%光合微肥、0.2%磷酸二氢钾。花前叶面喷肥喷施0.3%～0.5%的尿素。花后2周叶面喷施500倍植物营养素和300倍尿素混合液。从幼果期开始喷0.1%～0.3%磷酸二氢钾3～4次，间隔时间15天，结合喷药进行。果实采收后，每隔10天喷一次0.3%磷酸二氢钾和0.2%的光合微肥，连喷3～5遍，以提高叶片的光合效能，增加树体营养积累。亦可叶面喷施500倍植物营养素和300倍尿素混合液，提高叶功能。

亦可从展叶开始，隔10～15天一次，花前以氮肥为主，花期以硼肥为主，幼果期后，以磷、钾肥为主，辅以钙肥。

要及时补充 CO_2 气体，以增强光合作用。温室或大棚中 CO_2 主要来源于土壤有机质的发酵，土壤微生物的活动，与棚外大气的交换以及枣树的呼吸作用，其量的多少与温室的结构、管理方法、天气情况等有关，一般通过放风使之与外界保持平衡。但在寒冷季节通风时间短，有时甚至完全关闭，因此容易造成棚中 CO_2 浓度低于大气 CO_2 浓度。对此可施用 CO_2 气肥。在枣树株间挖深 40 厘米、宽 30 厘米的穴，将人粪尿、干草树叶、畜禽粪等填入其中，加水及少量尿素让其自然腐败释放 CO_2，可持续释放 20 天左右。生长季节处理 2～3 次即可，在生长前期和幼果发育期是补充 CO_2 关键时期。

浇水应做到及时浇花前水、膨果水和封冻水，浇水结合施肥进行，以确保枣树正常坐果、果实膨大与生长。抗旱品种，如伏脆蜜枣，一般情况不要浇水。

雨季要注意排水防涝。

164. 枣树保护地栽培怎样整形修剪?

枣树保护地栽培整形修剪以夏季为主，主要是对枣头进行摘心，抹除背上枝，剪除过密枝。

生长季修剪 4～5 次。

第一次，萌芽期对着生位置不好、无用或过密处的枣头及时除萌，适当部位重摘心，培养木质化枣吊，减少树体的营养消耗。

第二次，在枣头长 15～20 厘米时，对用作培养枝组的枣头摘心，小枝组一般保留 1～2 个二次枝，中型枝组保留 3～5 个二次枝，一般不培养大型枝组。

第三次，二次枝长 50～60 厘米时摘心。

第四次，花期对粗壮的枝条进行基部环剥，促进坐果。

第五次，开花坐果期过后，对二次生长的枣头、二次枝、枣吊及新萌枣头再次抹芽、摘心，控制生长。也可用 PBO 或多效唑等生长抑制剂对树体进行化学调控。

在枣树生长期内，对主干夹角正芽萌发的枝条、枣股萌发的枣头枝要及时抹除，枣股萌发的先端枣头枝要保留。主枝延长头长到 60～80 厘米时摘心，其余枣头枝摘心并进行拉枝，角度 80°左右，以利于缓和树势。应按纺锤形要求调整骨干枝及自生枝组密度，调节通风透光。在初花期将新生长的二次枝摘心，标准为，从基部第 1～3 个二次枝留 6～8 个枣股摘心，4～6 个二次枝留 4～6 个枣股摘心，7、8 个二次枝留二三个枣股摘心，培养成结果枝组。

果实膨大期施用多效唑等生长抑制剂控制树体的营养生长，以利于果实的发育。

采果后修剪重点是抹除和疏去背上直立新枣头、过多过密新梢、下垂拖地枝。要回缩过大、过旺结果枝组。对部分位置适当的过旺新枣头要重短截，培养结果枝组。

165. 枣保护地栽培怎样进行花果管理?

(1) 提高结实率

保护地栽培条件下，由于对枣头生长控制较为严格，花期相对较短，因此花期要及时促进坐果，一方面应加强叶面喷肥及生长调节剂的使用等，另一方面，及时疏果定果，保证营养集中供应，提高产量、质量和效益。

保护地内无风，无昆虫传粉，可通过人工辅助授粉提高结实率。

花期放蜜蜂进行授粉，棚内放蜂时，一般在初花时将蜂箱搬入棚内，每棚放蜂 1～2 箱。

进行环剥或环割。每个枣吊开花 5～8 朵时进行开枷，一般开枷宽度为枝干直径的1/8～1/10，最宽不超过1厘米，以25～30天愈合为宜。壮树开枷宜宽，弱树宜窄。也可进行环割，从初花期开始，在主干上距地面20厘米处开始环割第一刀，距离间隔3～5厘米，时间间隔1周，根据树势不同环割2～3次，以集中营养于开花坐果。

盛花期喷2～3次10～15毫升/升赤霉素，同时可加0.2%～0.3%的硼砂、0.2%磷酸二氢钾，也能提高坐果率。

(2) 疏果

疏果可调节负荷，增大果个，提早成熟，减轻采前落果。设施内不提倡疏花。

冬枣疏果可在坐果后到生理落果前进行。先对结果基枝反复摇摆，摇落坐果不牢、后期营养不足的部分枣果，然后对剩下的枣果进行定果疏果。疏去被病虫危害果、畸形果、伤残果、小果生长不良的劣质果，保留枣吊中上部好果。由于保护地冬枣开花期外界温度较低，有时遇到阴天、雪天，对室内温度、光照等有影响，坐果不稳定，因此，留果量比露地要大。脆蜜枣一般枣吊留1～4个果，挂果枣吊数量较少时可适当多留。冬枣一般单吊双果，也有提出强旺树每个枣吊留1个果，中庸树2个枣吊留1个果，弱树3个枣吊留1个果。

(3) 防止采前落果

为防止采前落果，可在采果前30天左右连喷2次70毫克/升的萘乙酸，能有效的减轻落果。

(4) 提高果品质量

果实成熟期是棚内冬枣管理的关键时期，为使果实充分着色，含糖量增高，需要充足的光照和水分。在管理上一定要采取室内挂反光膜、树下铺反光膜、清扫棚面等增光措施，增加室内光照，提高果品质量。

166. 枣保护地栽培环境怎样调控?

(1) 温度

开始升温后，分阶段进行温度调控。从覆盖地膜到萌芽期，这一阶段为增温催芽阶段，扣膜后前5天应促进地温尽快上升，保持棚内日均温度17～18℃，白天最高不得超过25℃，夜间控制在8℃以上，保证根系先生长。

萌芽至开花期，为控温促长时期，既要保证生长，又不要使树体旺长。日均温控制在18～19℃，白天20～25℃，夜间5～17℃。

开花坐果期，对温度最敏感，开花初期，日均气温要升到20～22℃。盛花期日均温度维持在23～25℃，白天控制在25～30℃，夜间维持在17～20℃，有利于坐果。

果实生长期，要求提高温度，棚内日均温度控制在24～25℃，白天26～30℃，夜间18℃为宜。温度控制主要在果实生长前期，一般不放风或放风时间很短，夜间要盖草帘。温度超过果实所需求温度时通风降温，一般在上午9～10时开始放风，下午4～6时将风口关闭。

当外界夜间温度稳定在15℃以上，可逐步揭除棚膜，进入正常管理。去膜前，白天将大棚膜的放风口逐渐加大，夜晚不关闭放风口，锻炼1周左右后逐步揭去。

(2) 湿度

保护地栽培湿度调控很重要，控制不好对生长、开花、结果会造成不良影响。萌芽前，空气相对湿度控制在75%～80%。萌芽期，空气相对湿度维持在75%～80%。开花坐果期，空气相对湿度控制在70%～80%，以提高坐果率。果实生长期，空气相对湿度控制在60%～70%。

湿度调控应注意两点：一是在扣膜前灌足水，然后覆盖地膜提高地温，以减少蒸发，降低湿度，同时保证萌芽阶段和枝叶旺盛生长期有较好的土壤墒情和较高的地温促进生长发育。扣棚后空气相对湿度保持在70%～80%为宜；二是接近花期时，土壤水分不足，空气相对湿度往往低于40%～60%，此时必须补充水分才能保证土壤及空气湿度，以提高坐果率。

(3) 光照

枣树为喜光性较强的树种，对光照要求十分严格，光照不足，易导致结果母枝抽生结果枝少，花量小，花芽发育质量差，坐果率低，果实品质差，口感乏味。因此，应选用透光性好的棚膜覆盖。在使用过程中，要及时用水管冲洗或者用干净的抹布擦掉大棚膜上的附着物，保持膜的高透光性。光照调控主要靠增设人工光源，室内铺设反光地膜，后墙铺设反光幕，选择透光性好的覆盖材料，以及通过整形修剪等措施来实现。

(4) 气体

气体调控主要是补充大棚内二氧化碳的含量。大棚密闭条件下，由于树体的光合作用会导致空气中二氧化碳含量严重不足，影响光合作用的正常进行和同化产物的积累。经常通风换气，可以适当增加棚内二氧化碳含量，保持棚内空气新鲜。二氧化碳施肥也可以补充棚内二氧化碳含量不足。最简易的方法，在不被腐蚀的容器中加入浓盐酸，再放入少量碳酸钙，通过化学反应可产生二氧化碳。

167. 枣保护地栽培怎样防治病虫害?

保护地枣树的主要病害有枣锈病、炭疽病、褐斑病、缩果病、早期落叶病等，虫害有绿盲椿象、枣瘿蚊、食芽类害虫、红蜘蛛、桃小食心虫等。在保护地栽培中，因空气温度、湿度较露地高，所以应加强对枝干病害及枣锈病的防治，同时要注意在湿度低、温度高的情况下，对易发生的虫害如红蜘蛛等的防治。要采取综合防治措施。

扣棚后用熏蒸剂进行熏杀越冬虫、卵及病原菌。

在萌芽前喷布 1 次 3～5 波美度石硫合剂，做到全树及地下喷匀，以铲除越冬病虫害。

枣树露绿、萌芽展叶期及花前喷菊酯类杀虫剂如功夫小子、氯氰菊酯、灭扫利等，防治绿盲椿象、枣瘿蚊及食芽害虫。

幼果期喷 1～2 次杀螨剂，从蕾期开始交替喷 70%甲基托布津 600～800 倍液、3%多氧霉素 800～1 000 倍液、20%三唑酮 500～600 倍液，防治枣果黑点病、早期落叶病、枣锈病等病害。3～4 月份每隔 10～15 天喷一遍 1 000～1 500 倍 50%辛硫磷乳油加2 000倍 25%灭幼脲 3 号悬浮剂，或 2 000～3 000 倍 10%吡虫啉可湿性粉剂，防止枣瘿蚊、枣步曲、枣芽象等害虫。

168. 泾渭鲜枣怎样进行保护地栽培?

(1) 定植

在设施内挖深 0.5 米、宽 0.5 米、长 6.5 米的定植沟，表、底土分开放置，回填时沟底放入 20 厘米表土，中铺 15 厘米有机肥，有机肥为腐熟牛粪、鸡粪各占 1/2，上层取行间熟土填平，灌水沉实后覆表土保墒。

选根系好、枝粗壮苗木栽植。栽前将苗木用清水浸泡 2 小时，根系剪留 20 厘米长，沾泥浆。挖坑栽植，底部施磷酸二铵 25 克，与土拌匀。栽植深度为根颈与沟面齐平，使根系向四周舒展开。覆土后踩实，连续浇水 2 次，覆地膜，苗干套袋。

(2) 栽后管理

待苗成活展叶后，将套袋顶部于傍晚剪口放风锻炼，经过48小时后在傍晚摘除套袋。萌芽新梢转入正常生长后，选留1个直立生长的健壮新梢作中心干延长枝，其余基部留1芽剪除，长到20厘米以上立支棍引绑。进入生长旺期，撤除地膜，进行除草、追肥、灌水、松土，单株追尿素25克，环状沟施，或浇3%尿素液，1周1次。对当年栽植苗木主芽萌发延长枣头上的二次枝，生长前期留4～5个枣股摘心，中期留3～4个枣股摘心。枣头长到60～80厘米时摘主心，此时二次枝留2～3个枣股摘心。

(3) 扣棚升温

根据李晓阳等人的试验，在辽宁，当年11月中旬扣棚，次年1月中旬升温，进入设施内管理阶段。

(4) 土肥水管理

在生长季节，施肥以少施、勤施为好。升温后至萌芽前，在距主干20厘米处挖环状沟或放射状沟，沟深15～20厘米，施尿素与磷酸二铵混合肥100克，比例为1∶1，追肥后覆土灌水，干背后松土整平，并在树盘内覆地膜，提高地温促进萌芽。在花前或初花期，结合叶面喷肥每株施硫酸钾与磷酸二铵100克，比例为1∶1。在生理落果后施硫铵、磷酸二铵、硫酸钾混合肥150克，比例为1∶1∶1，促进果实膨大。果实采收后株施腐熟圈粪10千克。每次施肥后应及时灌水。

第一次灌水在萌芽前，即在封棚休眠时进行；第二次灌水在花前10天；第三次灌水在落花后枣果膨大期；第四次灌水在果实着色始期，此次水应浇透。成熟前15天严禁灌水，防止裂果。

(5) 整形修剪

泾渭鲜枣保护地栽培宜采用纺锤形树形。

冬季修剪。升温后树液未流动前，将中心干从 0.7～1.5 米处剪截，剪口处粗度应超过 0.8 厘米，剪口下 1～2 个二次枝留主芽重剪，促发新的中心干枣头。距地面 0.5 米以下的枝剪除。在 0.5～1.5 米间选位置适宜的延长枝留 6～8 个主枝，将选留主枝的主芽上方的二次枝剪除或留 1 个粗壮枣股重剪，刺激主芽萌发延长枣头。树高不足 1 米的植株，依树势留主枝，对细弱的二次枝应留主芽重回缩，对强壮枝留 2～3 个枣股重回缩，以促发新的延长枣头。

夏季修剪。在枣树生长期内，对主干夹角正芽萌发的枝条、枣股萌发的枣头枝要及时抹除，枣股萌发的先端枣头枝要保留。主枝延长头长到 60～80 厘米时摘心，其余枣头枝摘心并进行拉枝，角度 80°左右，以利于缓和树势。应按纺锤形要求调整骨干枝及自生枝组密度，调节通风透光。在初花期将新生长的二次枝摘心，标准为，从基部第 1～3 个二次枝留 6～8 个枣股摘心，第 4～6 个二次枝留 4～6 个枣股摘心，第 7～8 个二次枝留 2～3 个枣股摘心，培养成结果枝组。

(6) 花果管理

在辽宁，设施内泾渭鲜枣 2 月上旬中心干顶部主芽萌发，接着二次枝上枣股萌发，3 月初枣吊 8 片叶以上现序，3 月下旬枣股萌发枣吊开花，4 月 20 日主芽萌发二次枝枣吊开花，坐果均为这个时期的花，枣果于每年的 7 月 10 日左右成熟，从开花到果实成熟需 82 天左右。

健壮枣股芽萌发的枣头枝及主芽萌发的主枝延长枝头是其主要的结果部位，通过拉枝与二次枝摘心来抑制营养生长，促进坐果。在盛花初期，即枣第四节花序展开时，连喷 2 次 20 毫克/升的赤霉素（GA_3），1 周 1 次，以傍晚喷为宜。同时，也可喷 0.3％硼或 0.3％磷酸二氢钾和 0.2％尿素。如花期棚室湿度低时，傍晚喷清水，对提高坐果有促进作用。

(7) 病虫害防治

升温后结合修剪清除病枯枝和落叶，萌芽前全树喷 1 次 5 波美度的石硫合剂，消灭越冬病虫。

萌芽展叶期，以防治枣黏虫、枣瘿蚊为主，连喷 2 次 50％对硫磷 1 500 倍液。防治蚜虫用 10％吡虫啉 1 500 倍液。

幼果期，防治枣锈病用 15％三唑酮 600 倍液，防治桃小食心虫用桃小灵或 20％杀灭菊脂 2 000 倍液，防治红蜘蛛用红灭螨或 20％扫螨 2 000 倍液。

果实膨大期至成熟前 15 天，用真菌 1 号或农用链霉素防缩果病。同时还应注意防治枣锈病。

169. 枣能否进行保护地一年两熟栽培？

果树能不能一年多次结果，取决于果树品种本身的生物学特性，既具有当年多次进行花芽分化，并能够萌芽、开花、结果的特点，有的具备这一特点，但需要一定条件刺激。能不能一年多次结果，又能多次收获，并有经济价值，还需具有适宜的栽培条件。

枣树花芽分化具有当年分化，多次分化，分化速度快，单花分化期短，全树持续时间长等特点。一般是从枣吊或枣头的萌发开始进行分化，随着枣吊的生长由下而上不断分化，一直到枣吊生长停止而结束。这里的多次分化是指，由于枣头不断有二次枝、三次枝萌发，其上的枣吊也不断进行花芽分化，但由于开花晚，坐果、产量和质量都受影响。

枣树保护地栽培实现一年两次结果，两次收获，利用二次枝、三次枝上的枣吊进行，意义不大。能否果实采收后重新萌芽、开花、结果，并获得经济产量，研究的不多。这里介绍辽宁省水土保持研究所李晓阳等报道的，泾渭鲜枣保护地两熟栽培技术情况，供参考。此项技术尚需进一步研究充实。

泾渭鲜枣正常设施栽培果实采收后，利用结第一茬果的骨干枝或枣股，采取摘除原枣吊及短截或环割等刺激措施，配以地下充足的肥水条件，促进二茬果生长成熟。

在7月10日第一茬泾渭鲜枣果采收后，经过近两周恢复期，于7月22日对原枣吊进行保留或摘除试验，同时对弱的二次枝枣股适度短截处理。观察结果表明：7月30日剪去原枣吊的单株，枣股均萌发新的枣吊或枣股头枝；而保留原枣吊的基本不萌发或很少萌发新的枣吊或枣股头枝。

为促进二茬果生长成熟，在一茬果实采收后，采用扩穴的方法，距定植行25厘米外扩40～50厘米，深50厘米，每666.7米^{2}施入腐熟的鸡粪或猪粪2 000～3 000千克。施肥后及时灌水。同时叶面喷0.2%尿素+0.3%磷酸二氢钾2～3次。

8月中旬以后，扣棚加强温湿度管理，达到正常生长发育所要求的环境条件，保证第二茬枣坐果至成熟。

170. 枣怎样进行保护地高效盆栽？

除了保护地栽培一般作用外，枣树保护地盆栽能够减少农药、化肥、激素的残留，改善生态环境，提高枣树的产量和品质，增加经济效益，为无公害、绿色果品生产奠定良好的基础。因为保护地盆栽通过土壤处理，能有效地预防越冬害虫的侵染；通过棚室覆盖防虫网及生物、物理防治，减少了害虫侵染，减少了农药用量。主要使用有机肥，加上营养液按需浇灌，减少了化肥尤其是氮肥用量，保证了枣树产量，提高了鲜果品质。棚室栽培还能防御不良天气，改善了环境条件，同样提高枣树的产量和品质，延长了冬枣的采摘时间，缓解了冬枣集中上市的矛盾。盆栽让观赏与可食性有机一体，解决了鲜枣保鲜和长途运输问题。以下根据滨州职业学院张柱岐等人研究，以冬枣为例系统介绍枣树保护地盆栽技术。

(1) 培育苗木

为了矮化树苗，便于大棚栽培，提高观赏价值和食用价值，选用酸枣砧短枝冬枣嫁接苗。第一年培育酸枣砧木苗，第二年春进行移栽，株行距为30厘米×30厘米，4月下旬（谷雨过后）至6月中旬进行嫁接。选择粗度约3厘米、3～5个侧枝的酸枣作砧木，选取短枝冬枣阳面的中部饱满枝条作接穗。接穗长3～5厘米，蜡封，采用皮下接。接芽长到30厘米时，进行绑扶，以防风刮折断，影响成活和生长。生长期间注意整形、拉枝，做到树冠均称、通风透光。苗期加强土肥水管理和病虫害防治。夏季注意防涝。冬季落叶后苗圃地及其周围注意清除杂草，刮树皮，剪除病虫枝、枯死枝、损伤枝，清扫枣园内枯枝落叶，集中烧毁，消灭越冬的病虫害。进行树干涂白，并刷除树干上越冬的龟蜡蚧和梨圆蚧。

(2) 定植上盆

为了根系透气、提高观赏性，降低成本，选用大号砂盆，直径40～50厘米。按园土∶鸡粪∶氮磷钾复合肥6∶3∶1的比例充分混合均匀，配制成营养土。园土处理：选择有机质含量2%以上的园地，秋季深耕，冬前灌溉，充分冬耕晒垡，杀虫、灭菌、保墒。春季化冻后及时取土，并用40%的福尔马林喷洒拌匀，用量400～500毫升/米^3，塑料薄膜覆盖，经3～4天待药挥发后备用。鸡粪处理：春季将鸡粪放于高燥处，用甲基托布津和氧化乐果各1 000倍液分层喷洒，然后堆积成圆锥形，上覆废旧塑料薄膜充分发酵，防雨淋失。秋季晾晒、拍碎、过筛，备用。

3月下旬上盆。选择株型优美、根系发达的嫁接苗，先进行根系修剪，剔除病、弱、残根，于1 000倍的百菌清溶液中浸泡后再用300毫升/千克的ABT 3号生根粉速蘸。在砂盆底部先覆一花盆碎片，再铺约2厘米厚的拍碎炉渣，然后填入约5厘米厚营养土，放入苗木，使根系分布均匀，继续填入营养土，待接近盆缘时，用手将植株轻轻上提，以使根系舒展，继续加土至离盆缘1～2厘米，用手提起花盆轻轻掂实盆土。

(3) 进入设施

首先将棚内土壤用40%的福尔马林消毒后，做成高畦，畦宽1.5米，注意按畦向形成约1%的坡度，以利于棚内排水。将定植冬枣的花盆按株距1.5米摆放，高株在北，低株在南。也可以根据植株大小和操作方便确定株行距，以充分利用空间。摆放后浇透水，以盆底向外流水为宜。浇水后的第2天用塑料膜将盆口密封，以减少蒸发、提高土温，利于发根。

(4) 肥水管理

追肥一般分3次进行，分别在萌芽前、开花坐果期、果实膨大期进行。追肥要氮、磷、钾、微量元素合理搭配配比。由于上盆时已混入一定量的复合肥，萌芽前期不再进行土壤追肥。开花坐果期、果实膨大期视枣树生长情况，氮磷钾配合配成营养液进行土壤追肥。叶面喷肥追施梦海牌枣丰素叶面肥，从开始发芽至采收前1个月，每隔半月叶面喷肥1次，浓度125毫克/千克，可明显提高坐果率，防止叶片早衰，增强抗病性。

合理浇水、排水，保持土壤湿润，防止旱涝不均。

(5) 整形修剪

保护地盆栽，是观赏性与食用性融为一体，两者兼用，除保证一定产量外，树形选择上可以多样性，采取农艺措施随枝造型。除常用的主干疏层形、开心形树形外，纺锤形、主干形、斜干形、珠帘式等，都可以考虑。可以整齐划一统一模式，也可以各具特色。

根据所选用的树形进行造形，春季发芽后及时抹芽、除萌、摘心、剪梢，对生长直立的枝要进行拉枝，角度以60°～70°为宜，以增加树体透风透光能力，增强光合作用，创造不利于病虫滋生的环境。

初花期过后，留1～2个辅养枝，在各结果主枝处按枝干周长的1/10左右环剥。环剥时注意刀口消毒，环剥处树皮用8%福生1∶1溶液消毒，伤口平滑，不伤木质部。若剥后伤口在一个月左右不愈合，可用棉布浸蘸10毫克/千克的赤霉素溶液后包裹伤口，促进愈合。

(6) 花果管理

要合理确定树体负载量。冬枣花量很大，正常坐果率仅在1%左右，过多的花会大量消耗养分，所以要及时疏花。从一般生产的产量和质量考虑，强壮树1个枣吊留1个果，中庸树2个枣吊留1个果，弱树3个枣吊留1个果。从观赏角度看，可以留串果。何去何从，以经济效益为准。还要及时疏果，保持枣树强健的树势，防止过量消耗养分，造成树体衰弱、抗病虫能力下降。

(7) 病虫害防治

病虫害防治采用生物防治、物理防治、化学防治相结合的方法。生物防治是确保鲜枣无公害的重要措施。在枣果红圈期到着色期、果肉含糖18%以上时，用农用链霉素100～140微升/升喷雾，进行细菌性病害缩果病防治。真菌性病害用农抗120抗菌素600倍进行防治。

4月中旬开始，及时在棚室的入口和前沿张挂防虫网，进行预防。在棉铃虫等害虫发生期，在枣园中挂黑光灯，灯下放一水盆，放入0.3%的洗衣粉溶液。或安装电子杀虫灯，于树冠上方20厘米左右，于棚室中部安装一盏电子杀虫灯，于成虫盛发期夜开昼关。

在室内冬枣枝条上设置粘虫带，在棚内设置黄板，黏着捕杀害虫。利用蚜虫、粉虱的有趋黄性，将黄色纸条涂抹凡士林，按一定距离均匀悬挂于棚室中。

按红糖250克、醋500克、水5千克的比例，配成糖醋液，置入废旧罐头瓶中，悬挂于棚室中，诱杀害虫。

参　考　文　献

蔡英明，刘冠义，张兴德，张春芳，张东起 . 2005. 桃树“一边倒”树形的特点及其整形修剪技术 [J] . 落叶果树（1）：36 - 37.

晁无疾 . 2008. 葡萄设施延迟栽培 [J] . 果农之友（1）：16 - 17.

陈凤霞 . 2006. 冬枣设施栽培管理技术总结 [J] . 西北园艺（8）：12 - 13.

陈伟立，王涛，陈丹霞，黄雪燕 . 2006. 翠冠梨大棚栽培技术 [J] . 现代农业科技（12）：31 - 33.

高东升 . 2009. 果树设施栽培新技术 [J] . 农家致富（24）：35.

高志红，张君毅，乔玉山，常有宏，蔺经，章镇 . 2004. 桃和李品种需冷量研究 [J] . 中国果树（3）：17 - 20.

郭希芹，曲常迅，郭九五，于美芳，李洪波 . 2010. 大樱桃保护地高效栽培技术 [J] . 落叶果树（3）：54 - 55.

郭香宝，刘玉朵 . 2003. 红地球葡萄绿苗快繁技术 [J] . 北方果树（6）：13 -14.

郭秀芳 . 2004. 大樱桃保护地栽培的关键技术 [J] . 山西果树（5）：44 -45.

郭月华 . 2011. 甜樱桃保护地高效栽培 [J] . 新农业（8）：23.

黑龙江佳木斯农业学校、江苏省苏州农业学校，等 . 1993. 果树栽培学总论 [M] . 北京：中国农业出版社 .

胡征令，施泽彬，王信法，陈懋森，陈晓浪 . 2001. 梨新品种翠冠选育及推广应用 [J] . 中国南方果树（5）：40 - 41.

黄贞光，陈新平 . 2011. 樱桃设施栽培应注意的若干问题 [J] . 果农之友（2）：40 - 41.

贾建华，王学昌，李素萍，李润开 . 2003. 极晚熟白雪红桃延迟栽培技术 [J] . 山西果树（2）：19 - 20.

焦世德 2010. 大樱桃设施栽培应注意的三个问题 [J] . 西北园艺（12）：

4-5.

孔庆信，等.1999.设施农业一冬暖大棚果树栽培［M］.济南：山东人民出版社.

雷世俊，胡天升，房师梅，巨荣峰，肖秀丽.2000.日光温室油桃连年丰产栽培技术研究［J］.落叶果树（2）：35-36.

雷世俊，胡天升，杨广玉.2007.葡萄日光温室压条更新栽培法［J］.山东林业科技（3）：71.

李宝田，谢犁春，李晓春，韩俊英，岳振清，孙勇.2010.苹果盆栽促早延晚栽培技术［J］.北方果树（5）：18-19.

李宝田，谢犁春.2004.盆栽桃和杏的延迟及促成栽培技术［J］.落叶果树（2）：26-27.

李怀玉.2001.寒地跃起苹果新星—寒富［J］.新农业（7）：54-55.

李晓峰.2010.红灯樱桃引种表现及高效栽培技术［J］.山西果树（5）：15-16.

李晓阳，任丽华，刘海英，平树友，李维富.2007.泾渭鲜枣设施栽培技术［J］.北方果树（2）：44-45.

刘恩璞，蒋锦标，王立忠.保护地果树生产技术［J］.北方果树（4）：32-33；（5）：28-30.

刘富堂.2010.鲜食杏保护地栽培技术［J］.林业科技开发（1）：121-124.

刘冠义，郭涛，蔡英明.2006.一边倒形特甜布郎保护地高效栽培技术［J］.中国果菜（3）：20.

刘坤，许宏艳.2011.我国甜樱桃设施栽培发展现状［J］.北方果树（2）：47-48.

刘坤，于克辉.2010.山东甜樱桃保护地生产考察报告［J］.新农业（8）：15-16.

刘仁道，刘建军.2009.甜樱桃不同品种需冷量研究［J］.北方园艺（2）：84-85.

吕纪增.2006.李树设施栽培“三当”综合配套技术［J］.北京农业（1）：23.

吕瑞江，智福军，贾彦丽，段玉春.2007.鲜食枣大棚丰产栽培技术［J］.河月果树（增刊）：129-130.

马骏，蒋锦标，等.2006. 果树生产技术（北方本）[M]. 北京：中国农业出版社.

马立功，马林倩，卜庆魏，杭大来.2010. 金手指葡萄双膜大棚夏栽绿苗促成栽培技术研究 [J]. 江苏农业科学（3）：172-175.

马立功.2007. 葡萄日光温室一年一栽式促成栽培技术 [J]. 中国果菜（3）：10-11.

孟凡华，田光利.2006. 棚栽果树限根生产技术 [J]. 山西果树（3）：17-18.

庞福生，尹志勇，刘孝智，王鹏程，贾玲，刘军，李国雷.2001. 凯特杏保护地栽培技术的研究 [J]. 水土保持研究（3）：121-123.

宋清芳.2008. 李设施栽培优质丰产综合管理技术 [J]. 果农之友（12）：21-22.

宋清芳.2009. 杏设施栽培优质丰产管理技术 [J]. 河北果树（1）：29-30.

孙宝秀，刘中昌，朱京民，仝月春.1998. 早美丽李保护地栽培技术 [J]. 落叶果树（增刊）：27.

陶磅，贾克功.2000. 果树保护地延迟栽培技术研究现状与展望 [J]. 中国农业科技导报（5）.

王海波，刘凤之，王孝娣，李敏.2007. 中国果树设施栽培的八项关键技术 [J]. 农业工程技术（2）：48-51.

王海波，王宝亮，王孝娣，等.2009. 落叶果树的需冷量和需热量 [J]. 中国果树（2）：50-53.

王海波，王宝亮，王孝娣，等.2009. 设施葡萄22个常用品种需冷量的研究 [J]. 中外葡萄与葡萄酒（11）：20-22.

王海波，王孝娣，王宝亮，何锦兴，刘万春，刘凤之.2008. 葡萄延迟栽培的研究进展 [J]. 中外葡萄与葡萄酒（1）：47-51.

王江勇，王家喜，李秋萍.2008. 金太阳等几个杏品种需冷量研究 [J]. 落叶果树（1）：23-24.

王来芳，刘冠义，薛丽.2006. 户太8号葡萄保护地促成栽培配套技术 [J]. 山东农业科学（4）：89-90.

王连起，张素勤，徐增凯，李瑞芝，张德和，张振军，郝秀芹.2001. 凯特杏保护地栽培综合配套技术研究 [J]. 烟台果树（4）：15-17.

王瑞财．2009. 伏巴梨保护地栽培技术［J］. 农技服务（4）：121.
王绍华，王国斌．2010. 冬枣保护地栽培管理技术［J］. 落叶果树（2）：53-54.
王舒藜，吴沙沙，焦雪辉，吴锦娣，刁义维，张英杰，吕英民．2010. 油桃设施标准化生产［J］. 温室园艺（8）：108-111.
王婷英，刘玉梅．2007. 李树设施栽培管理技术［J］. 烟台果树（4）：35-36.
王亚平，杨复康，罗春香，胡霞，穆成岗．2002. 寒地日光温室晚熟桃延迟栽培技术［J］. 山西果树（2）：16-17.
王艳秀，田晓敏．2005. 鲁北冬枣保护地截暗管理技术［J］. 烟台果树(2).
王占君．2005. 伏巴梨保护地栽培技术总结［J］. 北方果树（3）：55-56.
王召元，常瑞丰，张丽莎，刘国俭，陈湖．2010. 桃设施栽培研究进展［J］. 河北农业科学（6）：13-17.
卫有奎．2010. 鲜食枣设施栽培技术总结［J］. 果农之友（3）：19.
温室葡萄栽植技术［OL］. http：//www.360doc.com/content/10/1226/22/5270471_81587587.shtml
吴红正，王移山，房师梅．1999. 葡萄绿苗培育技术［J］. 烟台果树（1）：26-27.
谢艳梅．2009. 甜樱桃保护地栽培技术［J］. 果农之友（6）：19-20.
徐彩君，刘冠义，孟波．2006. 红灯樱桃保护地栽培配套技术［J］. 中国果菜（5）：11-12.
徐希玉，刘振田．2005. 伏脆蜜枣大棚栽培技术［J］. 中国水果与蔬菜（6）：16.
闫加印，于洁，刘士勇，孙建东．2009. 桃设施栽培技术［J］. 河北果树（1）：19-20.
杨桂元．2009. 盆栽苹果快速结果技术［J］. 现代农村科技（16）.
杨健，李秀根，王龙，杨银超，张菁华．2004. 梨树设施栽培技术［J］. 果农之友（1）：24-25.
杨丽芳，樊春芬，王芝学，胡忠惠，高鹏，刘景超．2010. 甜樱桃设施促成栽培的品种及砧木选择［J］. 天津农业科学（1）：83-85.
张大海．2005. 新疆杏保护地栽培技术讲座［J］. 农村科技（7）、（8）、

(9)、(10)：38-39.
张福墁，等.2001. 设施园艺学［M］. 北京：中国农业大学出版社.
张洪海，刘光晏，雷世俊，胡天升.1999. 塑料大棚油桃早期丰产试验［J］. 北方园艺 (5)：18-19.
张加延，孟凡荣，张铁华. 试谈我国果树设施栽培技术的发展与趋势［OL］. http：//www. fruit8. com/? action-viewthread-tid-47892.
张景娥，伊凯，刘志，王冬梅，杨峰，闫忠业，刘延杰.2007. 苹果抗寒早熟鲜食与加工兼用新品种—七月鲜的选育［J］. 果树学报，24 (6)：865-866.
张民，高勇.2001. 设施果树限根生产技术［J］. 河北果树 (2)：41.
张守志.2003. 早熟大果型杏型品种——大棚王杏［J］. 农业科技通讯 (1)：36.
张铁英，张加延.2005. 果树设施栽培方式［J］. 中国果树 (4)：38-39.
张柱岐，王涛，张红霞.2010. 冬枣大棚高效盆栽技术［J］. 北方园艺 (16)：67-69.
赵习平.2007. 杏保护地栽培关键技术［N］. 河北农民报 11-20，第 B02 版.